KB079436

방정식의
이해와 해법

과학영재 · 수능고득점을 위한 방정식 총정리

다무라 사부로 지음
손영수·경익선 옮김

전파과학사

【지은이 소개】

다무라 사부로(田村三郎)

일본 오사카(大阪)대학 이학부 수학과 졸업.

야마구치(山口)대학 교양학부 교수를 거쳐 고베(神戶)대학 교육학부 교수
겸 교육공학센터 소장. 수학과 교육법을 담당.

전공: 기초수학론.

저서: 『교양의 기호논리』, 『수학공포증을 없애는 책』, 『패러독스의 세계』
    등 다수

【옮긴이 소개】

경익선

성균관대학 수학과 졸업. 동대학 교육대학원에서 박사과정.

대한국토계획학회 연구원.

정의여자고등학교 교감 역임

손영수

과학저술인. 한국과학저술인 협회상, 서울특별시 문화상, 대한민국 과학
기술진흥상 등 수상

역서: 『노벨상의 발상』 등 다수.

머리말

소학교(이하 초등학교)에 다닐 때는 산수가 장기였는데도, 중학생이 되고, 산수가 수학이라는 이름으로 바뀌고, 문자를 사용하게 되면서부터 수학이 싫어지고, 심지어는 수식을 보거나, 다음 시간이 수학 시간이라는 생각만 해도, 배가 아픈 것 같고 머리가 띵해지는 사람이 많은 것 같다. 그것은 문자식(文字式) 알레르기니, 수학 공포증이니 하고 일컬어지는 병이다. 이 병을 고치는 데는 문자식에 대한 알레르기를 없애는 것이 으뜸가는 치료법이라고 생각한다.

문자나 기호를 사용하는 것은 수학만의 특징은 아니다. 국어나 영어의 문자도 기호이고, 음악의 악보, 지도 위에 표기된 광산이나 유전, 온천 등의 표시, 일상생활에서 흔히 대하는 교통표지도 모두 기호이다. 또 컴퓨터 자판 따위도 기호만으로 되어 있다.

모든 기호는 어떠한 일정한 약속 사항으로 되어 있다. 그 약속 사항을 잘 소화하여 익숙하게 쓰기만 하면, 어려운 것이 아닐뿐더러 자연히 자기 것으로 되기 마련이다. 초등학교 학생이 컴퓨터의 키를 자유자재로 조작하는 것을 보고 있노라면, '누구든지 연습만 하면 익숙해지게 되는 것이구나'라는 생각이 든다. 수학의 문자나 기호만 하더라도 마찬가지다. 늘 친근감을 갖고 쓰면 문자식 알레르기 따위는 어디론가 사라져 버린다.

이 책은 문자의 사용법에서부터 시작하여, 방정식의 의미를 이해하는 것을 통하여, 각종 방정식의 해법을 해설해 나가고 있다. 단순히 계산으로 풀어볼 뿐만 아니라, 그 속에 담겨 있는 사고방식에 중점을 두어 설명하는 동시에, 방정식의 해법에 관한 역사적

배경도 아울러 이야기하였다.

이 책이 계기가 되어, 방정식 따위는 결코 어려운 것이 아니라는 자신을 갖게 되고, 수학도 꽤 재미있는 과목이구나 하고 생각하는 사람이 많이 생겼으면 한다.

다무라 사부로

차 례

제1장

문자의 사용이
수학을 변하게 했다

(1) 문자 사용의 의의

1. 수 맞히기

뛰어난 암산 능력을 발휘하여 여학생의 마음을 사로잡는 방법이 있다.

「오늘은 서기 1987년 3월 16일이었지?」

「그래, 그게 왜?」

「이 숫자를 한 줄로 배열해서 7자리의 수 1987316을 생각하는 거야.」

「……?」

「그리고 이걸 3배 하여 15를 보태 볼래?」

「계산을 하라는 거야?」

「응, 그래」

「잠깐만, 3배를 하여 15를 보태라고 했지.」

「그래, 그리고 그 답을 3으로 나누어서, 본래의 7자리의 수를 빼는 거야. 그러면 얼마가 되었지?」

「아이, 그렇게 금방 계산이 되니?」

「그래? 난 벌써 답이 나왔는 걸.」

「어머, 그렇게도 빨리……」

「답은 5야, 어때 맞았지.」

이것으로 자네는 여학생으로부터 경탄과 존경이 어린 뜨거운 시선을 받게 될 것이 틀림없다. 그 이치를 자네에게만 살그머니 가르쳐 주기로 하겠다.

1987316이라는 수는, 사실은 그 수가 아니고 다른 어떤 수가 되든 상관이 없다. 이 수를 a라고 하자. 이것을 3배하여 15를 보

태는 것이니까

$$a \times 3 + 15$$

가 된다. 이 답을 3으로 나누어, 본래의 수 a를 빼라는 것이므로

$$(a \times 3 + 15) \div 3 - a$$

를 계산하는 것이 된다. 대수에 익숙한 사람이라면

$$
\begin{aligned}
& (a \times 3 + 15) \div 3 - a \\
= {} & (3a + 15) \div 3 - a \\
= {} & a + 5 - a \\
= {} & 5
\end{aligned}
$$

로 답을 낼 수 있을 것이다. 대수를 모르는 사람에게는 마치 요술처럼 생각될 것이다. 이러고 보면 자네도 대수를 공부하여, 이 비밀을 금방 알았으면 하는 생각이 들지 않을까?

　이런 일을 할 수 있는 것은 대수의 덕분이다. 주어진 조건을 문자 a를 사용하여 식으로 나타내어 보자. 그렇게 하면 말로 설명된 문장 속에 숨겨져 있는 비밀이 뚜렷이 눈에 보이듯이 드러나게 된다.

2. 400m의 트랙

　문제를 한 가지 더 내겠다.

　「400m의 트랙이 있다. 트랙이라는 것은 직사각형의 필드 바깥에 반원을 좌우 양쪽에 덧붙인 〈그림 1-1〉과 같은 경기장이다. 이 트랙은 직선 부분이 정확하게 120m라고 하자. 코스는 제1코스에서부터 제8코스까지 있고, 각 코스의 너비는 1m이다.

　400m 경주를 할 경우, 맨 안쪽에 있는 제1코스는 꼭 일주한 지점이 결승점이다. 제2코스는 핸디캡을 붙여서 출발선을 약간 앞

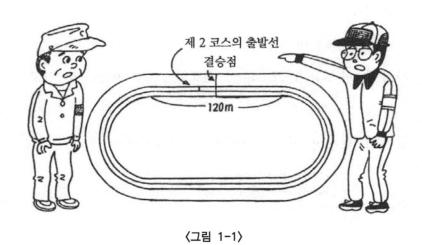

제 2 코스의 출발선
결승점
120m

〈그림 1-1〉

쪽에다 설정해야 한다. 몇 m나 앞쪽에다 설정해야 할까? 또 제3
코스의 출발선은 제2코스보다 몇 m나 앞쪽이어야 할까? 제4코스
이하 제8코스까지에 대해서도 출발선을 어디에다 설정하면 좋을는
지 생각해 보라.」

　문제가 좀 복잡할 것 같다. 제1코스의 일주가 400m라는 것은,
제1코스의 중앙 부분을 일주하면 딱 400m가 된다는 말이다. 직
선 부분이 120m이니까 곡선 부분의 좌우 양쪽의 길이는 160m이
다. 그러므로 제1코스의 중앙 부분의 반원의 둘레는 80m가 된다.
반원은 반지름×원주율로 얻어지므로, 반지름은 반원÷원주율

$$80 \div 3.14 \fallingdotseq 25.5(\text{m})$$

가 된다. 제2코스의 직선 부분은 제1코스와 마찬가지로 120m이
다. 제2코스의 곡선 부분의 반지름은 1m가 더 길어졌으므로 26.5m
이다. 그러므로 반원의 둘레는

$$26.5 \times 3.14 \fallingdotseq 83.2(\text{m})$$

가 된다. 반원에서 3.2m가 늘어나 있으므로, 트랙을 일주하는 데는 6.4m쯤이 길어진다. 따라서 제2코스의 출발선은 제1코스보다 6.4m 쯤 앞쪽에 설정할 필요가 있다.

  같은 것을 제3코스에 대해 생각해 보자. 제3코스의 반원의 반지름은 다시 1m가 더 늘어났기 때문에 27.5m이다. 따라서 반원의 둘레는

$$27.5 \times 3.14 \fallingdotseq 86.4(\text{m})$$

가 된다. 제2코스와의 차를 취하면, 반원에서

$$86.4 - 83.2 = 3.2(\text{m})$$

가 길어졌기 때문에, 트랙을 일주하는 데는 6.4m쯤이 길어졌다.

  이 수치를 보고 '어! 수상하다'하고 느껴지지 않는가? 제1코스와 제2코스의 핸디캡과, 제2코스와 제3코스의 핸디캡이 똑같이 6.4m 로 되어 있는 점이다. 이것은 우연의 일치일까? 그렇다면 제3코스 와 제4코스의 핸디캡을 구해보자. 제4코스의 반원의 반지름은 28.5m 이므로, 반원의 둘레는

$$28.5 \times 3.14 \fallingdotseq 89.5(\text{m})$$

가 된다. 제3코스와의 차를 취하면 반원에서

$$89.5 - 86.4 = 3.1(\text{m})$$

가 길어졌기 때문에, 일주에서는 6.2m쯤이 길어졌다. 앞에서의 6.4m와 비교하면 약간 짧아지기는 했지만, 대충 같다고 말할 수

있다. 본래의 반지름이 25.5m이건, 26.5m이건 27.5m, …이건, '반지름을 1m 늘리면 언제나 6m 남짓하게 길어지는 것이 아닌가?' 라고 생각된다.

반지름은 얼마이더라도 좋으므로, 반지름을 rm이라고 하면, 원둘레는 $2\pi r$m가 된다. 반지름을 1m 늘렸을 때의 원은 $2\pi(r+1)$m이므로, 그 차는

$$2\pi(r+1) - 2\pi r$$
$$= 2\pi r + 2\pi - 2\pi r$$
$$= 2\pi \,(\mathrm{m})$$

가 되어, 반지름 r에는 관계가 없는 수치로 되어 있다. $\pi = 3.14159\cdots\cdots$ 이므로

$$2\pi = 6.28318 \cdots (\mathrm{m})$$

가 된다. 즉, 각 코스의 핸디캡은 언제나 6.28…m로서 일정하다.

여기서도 문자를 사용한 대수의 위력이 뚜렷이 나타나 있다. 우선 첫째는 문자를 사용함으로써 일반적으로 처리되고 있다는 점이다. 반지름이 25.5m이건, 26.5m이건, 반지름이 1m 늘어나면, 대개 원둘레는 6.28m쯤 길어진다는 것을 알 수 있다.

이를테면 지구의 반지름을 1m만큼 크게 늘렸다고 하더라도, 적도의 길이는 6.28m밖에 늘어나지 않는 것이다.

3. 문자의 위력

문자를 써서 계산하는 것이, 구체적인 수치로 계산하는 경우보다 간단하다는 것을 알 수 있다. 문자 계산에는 수치를 계산하는 번거로움이 없다는 것이 특기할 일이다. 수학을 싫어하는 사람은 문자 계산에 겁을 집어먹고 있기 때문에 어렵다고 생각하기 쉽지만, 사실은 오히려 수치 계산보다 문자 계산이 더 간단하기도 하고 쉬운 법이다.

또 한 가지, 대수를 사용해서 계산한 결과가, 구체적인 수치로 계산했을 때보다 더 정확하게 나온다. 앞의 예에서도 구체적인 수치로써 계산했을 때는 6.2에서부터 6.4까지의 범위로 흩어져 있었지만, 문자로 계산한 쪽이 계산도 간단할뿐더러, 23㎝라고 하는 정확한 값이 얻어지고, 근삿값으로도 6.283……m이듯이, 필요에 따라서 상세한 수치를 얻을 수가 있다.

문자를 사용하는 의의를 정리해 보기로 하자.

① 현상 속에 숨겨져 있는 본질을 파헤쳐 낼 수 있다.
② 많은 문제를 처리할 수 있다.
③ 수치 계산의 번거로움에서 해방된다.
④ 구체적인 수치 계산에서 나타나는 오차가 나타나지 않는다.

(2) 문자·기호의 역사

1. 수학은 어학이다

수학의 본질은 대상을 기호화하여 그것을 처리하는 데 있다고 말할 수 있다. 기호화된 것은 일종의 말이기 때문에, 수학은 일종의 어학이라고도 볼 수 있다. 일본어, 한국어라든가 영어 등의 언어는, 일상생활에서의 정보를 다른 사람에게 전달하는 일상언어의 어학이라고 할 수 있는데 비하여, 수학은 현상 깊숙이 숨어 있는 눈에 보이지 않는 추상적인 사상에 대해서 말하고, 그것을 전달하는 말이라고 할 수 있으므로, **'추상언어(抽象言語)에 대한 어학**이다'라고 규정할 수 있다.

수학이 어학이라고 하는 증거를 들어보자. 그것은 일상적으로 사용하고 있는 말이, 수학의 학습에 큰 역할을 부여하고 있다는 점이다. 그것의 근거를 보여주는 것으로서 국제 수학 학력 테스트의 결과를 들어보기로 한다. 이 국제 학력 테스트에서, 일본의 중학교 1학년은 세계 제일의 성적을 거두었는데도, 고등학교 3학년 쪽의 성적은 뚝 떨어져 있다. 어떤 까닭일까? 일본어는 타국에 비해 산수를 배우는 데 적합하기 때문이다. 옛날 중국으로부터 간단한 수사(數詞)와 완전한 10진 기수법(十進記數法)을 배워, 그것을 일본말 속에 도입해왔다. 이 규칙성은 어린아이들에게도 이해하기 쉽고, 구구단도 외우기가 쉽기 때문에, 일본의 초등학생은 다른 어느 나라보다 산수를 잘 할 수 있는 것이다. 그렇다면 일본 고등학생의 성적이 그다지 좋지 못한 까닭은 또 무엇일까?

현재, 우리가 사용하고 있는 수식은 유럽계 언어를 충실하게 반영한 것으로서, 일본어로는 읽기 힘든 표시 방법이다. 이를테면 수식

$$x + 3 = 7$$

의 영문은

$$x \text{ and } 3 \text{ makes } 7$$

로, 수식과 잘 대응하고 있다. 그런데 이것을 일본어로 읽으면

x에 3을 보태면 7이 된다

라고 된다. 이것에 좇아 기호를 배열하면

$$x 3 + 7 =$$

로 해야 한다. 우리는 유럽계 수식에 익숙하기 때문에, 이와 같은 일본어식의 수식을 이상하게 생각할지 모르지만, 이와 같은 수식 구성법(문법)도 가능한 것이다. 여기서는 지면상 일본어식 수식 구성법에 대해서는 언급하지 않겠지만, 이 구성법은 **역폴란드 표기법** (reversed polish notation)이라고도 불리며, 컴퓨터언어와의 관계에서 주목을 받고 있다.

　중학교에서 고등학교로 진급함에 따라, 일본에서는 읽기 힘든 수식이 많이 쓰이게 된다. 수식에 대한 친숙성으로 보더라도 일본의 중·고등학생은, 유럽계 언어를 말하는 학생에 비해 핸디캡을 지니고 있다고 볼 수 있다. 그 때문에 일본에서는 중학교, 고등학교로 진학함에 따라서 수학 실력이 떨어지게 된다. 이것은 수학은 언어이고, 더구나 일상적으로 쓰고 있는 언어와 수학의 학습과의 사이에 밀접한 관계가 있다는 것을 가리키고 있다.

　수학은 하나의 어학이기 때문에, 보통의 언어학습과 마찬가지로, 언제든지 잘 사용하기만 한다면 자연히 익숙해질 수 있는 것이다.

수학은 싫다, 질색이다, 모르겠다고 말하는 것은, 수학의 말에 익숙하지 못하고 친숙해지지 못하기 때문이다. 일상언어와 수학 언어와의 중간에 컴퓨터언어가 있다. 언제나 컴퓨터를 사용하며, 컴퓨터와 대화를 하고 있노라면 초등학생이라도 충분히 컴퓨터를 쓸 수가 있다. 어학이건 수학이건, 또 컴퓨터이건 언제나 많이 사용하고, 익히고 친숙해지는 것이 발전의 비결이다.

2. 고대 오리엔트

문자를 최초로 발명한 것은, 지금부터 수천 년 전(기원전 4000년에서 3000년)의 메소포타미아 지방의 수메르(Sumer)인들이었다고 한다. 사실 문자의 발명과 국가의 성립과는 밀접한 관계가 있다. 왕은 하천의 범람을 막기 위해 둑을 쌓는 동시에, 해자(관개수로)

를 파서 관개용수를 확보하여, 농민들이 안정된 농경 생활을 할 수 있게 하였다. 왕은 재해와 외적으로부터 주인을 보호하는 대신 주민들로부터는 세금을 징수했다. 국가권력이 강력해질수록 농민의 생활이 안정되고, 그 덕에 세금의 수입은 늘어나고 나라는 번영했다.

　세금의 징수·관리·분배 등은 궁중의 관리들이 도맡아 하는 일이었다. 나라 살림이 커짐에 따라 궁전으로 실려 오는 곡물이나 가축, 양털, 피혁 등의 양이 늘어나서 하나하나를 기억할 수 없을 만큼 불어났다. 어느 유능한 관리가 물량을 상형적(象形的)인 도형을 사용하여, 진흙판에 새겨서 기록하는 방법을 착상했다. 이것이 수메르인에 의한 문자의 발명이다. 처음에는 진흙판에 상형적인 도형으로써 기록하고 있었는데, 기록하는 사이에 진흙판이 굳어지기 때문에, 복잡한 상형문자보다는 뾰족한 나무 끝을 붓으로 하여 표시만 하면 되는, 간단히 기록할 수 있는 설형(楔形) 문자로 바뀌게 되었다. 수의 기호로서는

$\blacktriangledown$ = 1 $\blacktriangleleft$ = 10

의 두 종류가 사용되어 있다. 35는

10이 3개   1이 5개

로써 표시된다. 60진법을 사용하고 있었기 때문에 1 2 3 4는

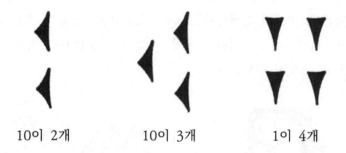

10이 2개   10이 3개   1이 4개

로 표시된다. 왜냐하면

$$1234 = 20 \times 60 + 34$$

이므로, 20, 34로 표시되는 것이다. 그러나 빈 자리를 나타내는 기호 (0)을 갖지 못했기 때문에, 앞에서 말한 35를 나타내는 설형에서의 표현은

$$35 \times 60 = 2100$$
$$35 \times 60^2 = 126000$$

의 어느 것을 나타내고 있는지, 또는

$$30 \times 60 + 5 = 1805$$

를 나타내는 것인지, 이 표기만으로는 완전하게 판단할 수 없었다. 당시는 60진법에 의한 소수(小數)도 사용되고 있었기 때문에, 30과 5 사이에 소수점(여기서는 semicolon ;)을 가진 수 30;5, 즉

$$30 + \frac{5}{60} = \frac{361}{12}$$

을 의미하고 있었는지도 모르고

$$\frac{30}{60} + \frac{5}{60^2} = \frac{361}{720}$$

을 나타내고 있는 것으로도 생각된다. 이와 같은 애매함이 있는 것은 0이 없었기 때문인데, 이것은 불완전한 기수법이라고 할 수가 있다.

고대 이집트에서는

$$| \ = 1, \quad \cap = 10, \quad \text{☺} = 100, \quad \text{🜹} = 1000,$$

와 같이 10진 기수법으로써 각 단위마다 새로운 기호를 사용하고 있었다. 1234는

로 표시한다(역순으로 쓰기도 하였고, 위로부터 아래로 내리쓰는 일도 있었다). 이집트의 기수법(記數法)에는 애매한 점이 없는 대신, 기호가 많아야 한다는 결점이 있기 때문에, 역시 이상적인 기수법이라고는 말할 수 없다.

3. 0의 발견

5세기에서부터 9세기까지 사이의 고대 인도에서, 빈자리를 나타내는 0(슌야, śūnya)을 포함하는 10진 기수법에 의한 산용(算用)숫자가 고안되었다고 한다. 이 0의 발견은 수학사상 극히 중대한 의미를 지니고 있다. 0에서부터 9까지의 10개의 숫자만을 사용해서, 몇 단위 수라도 정확하게 표현할 수 있고, 어떤 단위도 0에서부터 9까지의 숫자 서로 간의 계산으로써 처리할 수 있는 것이다.

단위를 나타내는 빈자리로서의 0 말고도, 인도인들은 수로서의 0의 본질도 파악하고 있었다. 이를테면 인도의 수학자는

$$a \pm 0 = a, \quad a - a = 0$$
$$a \times 0 = 0, \quad 0 \div a = 0$$

이라는 성질에 대해 명확히 설명하고 있다. 그러나

$$0 \div 0, \quad a \div 0$$

에 대해서는 명확한 해답을 갖고 있지 못했던 것 같다. 인도에서

발명된 0을 갖는 산용숫자는 아랍을 거쳐서 12세기경의 유럽으로
전해졌고, 15세기에는 유럽 전역으로 보급되었다.

4. 기하식 대수

다음에는 대수의 표기법에 대해 살펴보기로 하자. 그리스의 수
학은 기하학적이었기 때문에, 수량도 도형적으로, 즉 수를 선분의
길이나 면적으로 나타내고 있었다. 이를테면 분배법칙

$$a(b+c+\cdots) = ab+ac+\cdots$$

는 다음과 같은 문장으로 표현되고 있다.

「수직하는 선분의 한쪽이 임의의 부분으로 분할되어 있으면, 이
들 두 선분으로 둘러싸인 직사각형의 면적은, 분할할 수 없는 선
분과 분할된 선분의 각각으로 둘러싸인 직사각형의 면적의 합과
같다.」

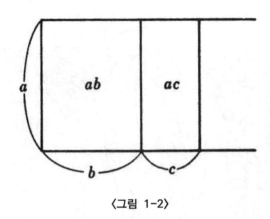

〈그림 1-2〉

이 사실은 〈그림 1-2〉와 같이 나타내어진다. 따라서 그리스의 대수는 **기하식 대수**(幾何式代數)였다고 말할 수 있다.

5. 약기식 대수

그런데 로마 시대로 접어들면, 그리스의 수학자이면서도 기하식 대수로부터의 탈피를 볼 수 있다. 3세기경의 그리스의 수학자 디오판토스(Diophantos)는 방정식을 기호적으로 표현한 선구자였다고 생각된다. 디오판토스는 x를 ζ로 표기하고 x^2은 Δ^T라는 기호를 사용했으며, 그리스에서는 1, 2, 3이라는 수를 α, β, γ로 나타내고 있었으므로

$\Delta^T \beta \zeta \gamma \alpha$는

$$2x^2 + 3x + 1$$

을 의미하고 있다.

8세기 초의 인도의 수학자 브라마굽타(Brahmagupta)는 방정식

$$10x - 8 = x^2 + 1$$

을

$$ya\ va\ 0\ ya\ 10\ ru\ \dot{8}$$
$$ya\ va\ 1\ ya\ 0\quad ru\ 1$$

과 같이 나타내고 있다. $\dot{8}$은 -8이고, ru는 상수항(常數項)을 나타내며, ya는 x항을, $ya\ va$는 x^2항을 나타내고 있다. 디오판토스와 마찬가지로 +는 생략되어 있다. 또 두 개의 식이 같다고 하는 것을 상하로 배열해서 나타내고 있다.

디오판토스도 브라마굽타도 모두 **약기식 대수**(略記式代數)라고 말할 수 있다.

6. 언어식 대수

9세기 초의 아랍의 수학자 알 콰리즈미(al-Khwārizmī)는 『복원(復元)과 대비(對比)』(alschebr, almukabara)라는 산학(算學)책을 썼다. 제브르(schebr)란 등식 중의 마이너스 항을 다른 변으로 이동하는 계산

$$ax - b = c \qquad \text{라면} \qquad ax = b + c$$

등을 의미하고 있고, 무카바라(mukabara)란 등식의 양변으로부터 같은 수를 소거하는 계산

$$ax + c = b \qquad \text{라면} \qquad ax = b - c$$

등을 의미하고 있다. 즉 제브르와 무카바라는 방정식에서 동치(同値)변형을 나타내고 있다.

알 콰리즈미는 이와 같은 대수식의 변형에 대해서, 1차방정식
이나 2차방정식 등을 기계적으로 해석할 수 있었다. 따라서 산법
(算法)을 의미하는 영어 algorithm이라는 말은 「알 콰리즈미식」이
라는 것에서 발생한 것이다. 또 제브르에 관사 al을 붙인 alschebr
는 대수학을 의미하는 영어 algebra의 어원이 되었다. 이와 같이
살펴보면 알 콰리즈미가 현재의 대수학에 끼친 영향은 매우 크다.
그러나 알 콰리즈미의 대수식의 기술 방법은 디오판토스나 브라마
굽타의 약기식 대수와 비교하여 훨씬 원시적인 **언어식 대수**(言語式
代數)이었다.

「구하려는 것의 제곱과, 구하려는 것의 10배의 합이 39와 같을
때, 구하려는 것은 얼마인가?

구하려는 것 x의 계수(係數) 10의 절반 5를 빼고, 그 제곱 25
를 39에 보태어 64를 얻는다. 이 64의 제곱근 8을 얻고, 그것으
로부터 구하려는 것의 계수 10의 절반 5를 빼서 3을 얻는다」

이와 같이 말로써 표현한 것은, 무엇을 계산하고 있는지 알기
힘들기 때문에, 구하려는 것을 x로 하여 수식으로 나타내어 보면

$$x^2 + 10x = 39$$
$$x^2 + 10x + 25 = 39 + 25 = 8^2$$
$$x + 5 = 8$$
$$x = 8 - 5 = 3$$

이 된다. 이것으로 보아서도 알 수 있듯이, 플러스의 해인 3만을
구하고, 마이너스의 해인 -13은 소거되어 있다.

7. 기호식 대수

기하식 대수, 언어식 대수, 약기식 대수 등을 거쳐서 현재와 같

은 **기호식 대수**(記號式代數)를 완성시킨 것은, 근세 유럽의 수학자들이었다. 우선 가감승제(加減乘除)의 역사부터 살펴보기로 하자. +와 -의 기호는 15세기 말경, 독일에서 사용되었다. +는 영어의 and에 해당하는 라틴어의 et에서 유래하고 있다. 「5 더하기 7」을 「5 et 7」이라고 쓰고 있었는데

$$et \rightarrow e \rightarrow +$$

로 변화한 것이라고 추정되고 있다. 한편 -는 마이너스 minus의 머리글자인 m을 급히 쓴 서체에서부터 변화했다.

$$m \rightarrow \sim \rightarrow -$$

곱셈의 기호 ×의 사용은 훨씬 뒤늦게 17세기 초 무렵이고, 대수식 등에서는 $7 \times x$의 ×를 생략한 $7x$라는 기호가 일찍부터 사용되고 있었다. 나눗셈의 기호 ÷는 17세기 중엽 초에 사용되었으나, 이런 기술 방법은 그다지 유행되지 않았고, 비(比)의 기호인 :가 더 잘 사용되고 있었다. 이것에 비해 분수를 나타내는 가로줄 —의 기호는, 12세기의 피보나치(L. Fibonacci)가 이미 사용하고 있었다.

등호 =를 처음으로 쓴 것은 16세기 영국의 레코드(R. Recorde)이다. 그의 저서에는 다음과 같은 식이 나와 있다. +와 -, = 등의 기호가 가로로 길쭉하게 되어 있는 것과 기호와 기호 사이에 점을

찍고 있는 점을 제외하면 나머지는 현재의 것과 다를 바가 없다.

여기서 � 는 x^0, 𝕮 는 x, 𝕭 는 x^2 을 나타내고 있으므로, 이
것을 현대식으로 고쳐 쓰면

1. $14x + 15 = 71$
2. $20x - 18 = 102$
3. $26x^2 + 10x = 9x^2 - 10x + 213$

이 된다.

8. 대수학의 아버지

미지수만을 기호로 나타내는 것은 디오판토스 이후의 일로, 미
지수뿐 아니라 기지수까지도 기호화하여, 글자 그대로 기호식 대
수학을 만든 사람은 프랑스의 비에타(F. Vieta)이다. 따라서 비에
타는 후세의 사람들로부터 「대수학의 아버지」로 불리게 되었다.
그는 미지수를 모음의 대문자 A, E, I, …… 등으로 나타내고, 기
지수를 자음의 대문자 B, C, D, …… 등으로써 나타내었다. 이 때
문에 구체적인 수치에 의한 계산을 다루는 산술로부터, 여러 가지
관계를 일반적으로 다룰 수 있는 대수학으로 발전할 수 있었다.

비에타는 법률을 공부하여 변호사가 되어, 1573년부터 앙리(Henri)
3세와 4세를 섬기며 왕실의 고문관으로 있었다. 이처럼 비에타는
수학의 전문가는 아니었다. 그러나 틈만 있으면 수학을 연구하여,
대수학뿐만 아니라 기하학, 삼각법, 해석학 등의 각 방면에서 빛나
는 업적을 올렸다. 벨기에의 어떤 수학자가 45차방정식

$$x^{45} - 45x^{43} + 945x^{41} - \cdots\cdots - 3795x^3 + 45x = K$$

비에타(1540~1603)

의 풀이를 구하라고 온 세계의 수학자들에게 도전장을 낸 적이
있었다. 이것을 들은 앙리 4세는, 프랑스의 명예를 걸고 이 문제
를 풀어 달라고 비에타에게 부탁했다. 그는 이 방정식이 $K = 2\sin 45\theta$
를 $x = 2\sin\theta$로 표기했을 때에 나오는 식이라는 것을 알아차리고
곧 정답을 내었다고 한다.

당시의 스페인은 포르투갈, 네덜란드, 이탈리아, 남북아메리카의
일부까지 세력을 확대하여 막강한 힘을 펼치고 있었다. 스페인의
본토로부터 이들 영지로 파견된 특사들은, 본국과의 연락에는 암
호를 사용하고 있었다. 프랑스로서는 이 암호를 입수해서 해독하
는 일이 큰 관심사였다. 가까스로 암호를 손에 넣은 앙리 4세는
비에타에게 이것을 해독하도록 명령했다. 이것들은 아주 복잡한
암호로 되어 있었는데도 비에타는 해독에 성공했고, 이후 스페인

의 정보는 거의 프랑스에 알려지게 되었다. 스페인 쪽은 이 암호
키를 모르는 한, 절대로 해독할 수 없을 것이라고 믿고 있었기 때
문에, 이것이 해독되었다는 사실을 알자, 프랑스는 악마와 결탁하
여 마술을 통해 풀었을 것이 틀림없다고 생각하고, 프랑스를 처벌
하도록 로마 교황에게 고소했다고 한다.

기호에 의한 대수학의 창시와 기호에 의해 구성된 암호의 해독
이 동일인인 비에타에 의해서 이루어졌다는 것은 참으로 흥미로운
일이다.

9. 중국의 대수

이상이, 우리가 중학교에 올라가서부터 배운 대수학 발생의 개
요이다. 그런데 현재는 잊혀지고 말았지만, 옛날의 중국에서 만들
어져서 일본의 에도(江戶)시대에 사용되었던 대수학이 있다. 이것
은 산목(算木)을 써서 하는 대수이기 때문에 **기구식 대수(器具式代數)**
라고 부를 수가 있다.

중국에서는 산판(算板) 위에 산목을 얹어놓고 수식을 계산했다.
홀수 자리의 수는

로 하고, 짝수 자리의 수는

로 나타내었다. 이를테면 2603은 산판 위의 네모난 간 속에 그림과 같
이 산목을 놓는다.

빈자리에는 바둑돌 따위를 놓기로 했다. 기장을 할 때는 빈자리

에 ○을 기입하고, 아래와
같이 간 사이를 좁혀서 썼
다. 빈자리 ○이 사용되게 된
것은 인도에서 0의 발견으로
부터 상당히 훗날의 일이다.

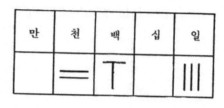

플러스의 수에는 붉은 색깔의 산목을, 마이너스의 수에는 검은
색깔의 산목을 사용했으므로 흑자
는 검은 글씨로, 적자는 붉은 글씨
로 기장하는 요즈음 우리의 감각으
로는 반대인 듯한 느낌이 든다. 기

장을 할 때는 마이너스의 수에는 마지막 숫자에다 빗줄을 쳐서 표
시했다.

산목을 사용하는 대수학인 천원술(天元術)은 13세기 초경, 중국
에서 발명된 것으로 추정되고 있다. 「미지수를 x로 한다」는 것을
「천원의 1을 세운다」라고 한 데서부터 입천원일술(立天元一術) 또는
천원술이라고 불리게 되었다. 이를테면 2차방정식

$$3x^2 + 14x - 43 = 0$$

은 〈**그림 1-3**〉과 같이 산판 위에 산목을 둔다. 실(實)의 행이 상수
-43을 나타내고, 방(方)행이 $14x$를, 염(廉)행이 $3x^2$을 나타내고
있다.

10. 일본의 대수

일본에서 이 기구식 대수인 천원술을 기호식 대수로 발전시킨
것은 세키(關孝和)이다.

만	천	백	십	일	푼	리	
							상
							실
							방
							염
							우

〈그림 1-3〉

이것은 〈**그림 1-4**〉와 같은 기호식 대수를 완성함으로써, 에도 시대의 수학이 비약적으로 발전되었다.

서양과 동양 모두 기호식 대수가 성립된 이후 수학이 발전했다. 단순한 기호라고만 생각할지 모르지만, **기호의 좋고 나쁨이 수학의 발전을 좌우하고 있다**고까지 말할 수 있다(역자 주: 천원술은 중국에서 만들어져 한국으로 건너왔는데, 나중에는 중국에서는 소멸되고 한국에 남아 있다가 다시 중국으로 건네졌다고 한다. 그리고 일본으로는 임진왜란을 통해 한국의 산학책이 들어가, 이것을 바탕으로 이른바 일본의 수학 「화산(和算)」의 기초가 되었다는 설이 있다).

$a + b$ 을 | 甲
               | 乙   또는 | 甲 | 乙

$a - b$ 을 | 甲
               X 乙   또는 | 甲 X 乙

$a b$ 을 | 甲乙

a^2 을 | 甲巾

a^3 을 | 甲三

$\sqrt{a}$ 을 | 甲
                 商

$\dfrac{a}{b}$ 을 乙 | 甲

〈그림 1-4〉

11. 방정식이라는 말

여기서 잠깐 방정식이라는 말의 유래를 설명하겠다. 지금으로부터 2000년 전에 성립된 중국 최고의 수학책 「구장산술(九章算術)」 제8권에 「방정」이라는 장이 있다. 이것이 **방정식의 어원**이다. 「방(方)」은 정방형(정사각형)이나 장방형(직사각형)의 「방」으로서, 「네모, 사각」을 말한다. 「정(程)」은 '할당한다'는 뜻으로서, 「방정」은 '4각으로 할당한다'는 뜻이라고 한다. 「구장산술」 제8권 「방정」의 첫 문제는 다음과 같이 되어 있다.

「지금 상품 벼 3섬과 중품 벼 2섬, 하품 벼 1섬에서 벼가 39말이 나오고, 상품 벼 2섬과 중품 벼 3섬, 하품 벼 1섬에서는 34말이, 상품 벼 1섬과 중품 벼 2섬, 하품 벼 3섬에서는 벼 26말이 나온다. 상·중·하의 볏단 1섬에서는 각각 얼마가 나오느냐?」

```
1    2    3
2    3    2
3    1    1
26   34   39
```

〈그림 1-5〉

상품 벼, 중품 벼, 하품 벼에 각각 얼마씩을 할당하면 되느냐는 것이 문제인데, 이것을 〈그림 1-5〉와 같이 사각형 모양으로 수를 배치해서 이 문제를 풀었기 때문에 「방정」이라는 말이 생겼다(자세한 것은 제2장 80쪽).

영어의 이퀘이션(equation)은 「같은 식」으로서 바로 등식(等式)이다. 두 개의 수식을 등호 =을 써서 나타낸 것이 등식이고, 이퀘이션이다. 특히 이 속에 포함되어 있는 문자가 어떤 수치를 취하든지 간에 항상 성립하는 등식을 항등식(恒等式)이라고 한다.

제2장

1차방정식을
푼다

(1) 1차방정식의 해법

1. 나이 맞히기

아름다운 아가씨가 몇 살인지 알고 싶은데, 직선적으로 「미스 김은 몇 살이세요?」하고 묻는다면

「어머머, 여성에게 나이를 묻다니 정말 몰상식한 분이군요!」
하고 공박을 받을 뿐만 아니라, 자칫 아가씨의 마음을 영영 잃게 될지도 모른다. 그래서 게임을 하거나, 점이라도 치는 표정으로, 아가씨 스스로 계산을 하게 하는 것이다. 「당신의 나이를 2배해서, 3을 보태 주시겠어요?」

「어머, 왜요?」

「아니, 그저 심심풀이 삼아 점이라도 쳐볼까 하구요.」

「그래요? 2배를 해서 3을 보탠다. 네, 됐어요.」

「그럼, 그 답을 5배 해서 7을 보태세요.」

「네, 됐어요」

「얼마가 나왔지요?」

「252예요.」

「252라……. 당신은 매우 겸손하고, 화려한 걸 싫어하며 무척이나 가정적인 성격이라……」

「어머, 숫자를 듣기만 하는 걸로 점을 친단 말이에요?」

사실은 점을 친다는 것은 핑계이고, 평소부터 느끼고 있던 그녀의 성격을 말했을 따름이다. 목적은 달리 있었으니까. 252라는 답을 들은 것만으로 그녀의 나이를 알아낸 것이다. 252에서 22를 빼면 나머지는 230이 되니까. 23이라는 것을 알 수 있다.

대수를 모르는 사람에게는 불가사의하게 생각될지 모르지만, 대

수를 써서 표현해 보면 그 비밀을 곧 알아낼 수 있다.

그녀의 나이를 x살이라고 하자. 처음에 나이를 2배해서 3을 보태는 것이니까

$$x \times 2 + 3$$

으로 계산된다. 이어서 이 답을 5배 해서 7을 보태니까

$$(x \times 2 + 3) \times 5 + 7$$

로 쓸 수 있다. 이 경우 앞의 답을 괄호로 묶는 것을 잊어서는 안 된다. 이것을 계산한 답이 252이니까

$$(x \times 2 + 3) \times 5 + 7 = 252$$

라는 관계 식(방정식)이 성립된다. 문자가 들어가 있는 식의 곱셈에서는, 보통 ×를 생략해서 나타낸다. 이를테면

$$x \times 2 는 2x$$
$$(\ ) \times 5 는 5(\ )$$

처럼 나타내기 때문에, 위의 방정식은

$$5(2x + 3) + 7 = 252 \quad \cdots\cdots\cdots\cdots ①$$

로 나타내는 것이 보통이다.

×의 기호 생략법

$a \times b 는 ab$

$a \times 2 는 2a$

$(a + b) \times 5 는 5(a + b)$

$(a + b) \times c 는 (a + b)c$ 또는 $c(a + b)$

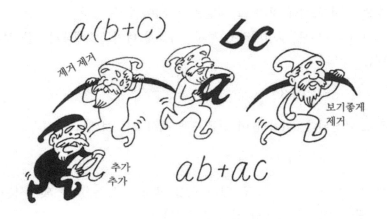

그런데, 이 방정식을 계산하는 데는, 먼저 괄호를 제거한다.

$$5 \times 2x + 5 \times 3 + 7 = 252 \quad \cdots\cdots\cdots\cdots\cdots ②$$
$$10x + 15 + 7 = 252$$
$$10x + 22 = 252$$

이 괄호를 제거한다고 하는 변형은, 분배법칙

$$a(b+c) = ab + ac$$

를 이용한 것이다.

( )의 제거 방법

$$a(b+c) = ab + ac$$
$$a(b-c) = ab - ac$$
$$(a+b)c = ac + bc$$
$$(a-b)c = ac - bc$$
$$-a(b+c) = -ab - ac$$
$$-a(b-c) = -ab + ac$$

---

②의 양변에서부터 22를 빼면

$$10x = 230 \quad \cdots\cdots\cdots\cdots\cdots\cdots\cdots\cdots\cdots ③$$

이 된다. 이어서 ③의 양변을 10으로 나누어서

$$x = 23$$

이 얻어진다.

위의 변형에서 중요한 곳은, ②의 양변에서부터 22를 뺀 곳과, ③의 양변을 10으로 나눈 곳이다. 등식의 양변에 같은 수를 더하거나, 같은 수를 빼거나, 같은 수를 곱하거나, 같은 수로 나누어도 역시 등식이 성립하는 것이다.

2. 등식 변형규칙

등식 변형규칙

등식 $A = B$가 성립하고 있을 때

ⓐ 등식의 양변에 같은 수식을 더해도 등식은 성립한다.

$$A + C = B + C$$

ⓑ 등식의 양변에서 같은 수식을 빼도 등식은 성립한다.

$$A - C = B - C$$

ⓒ 등식의 양변에 같은 수식을 곱해도 등식은 성립한다.

$$AC = BC$$

ⓓ 등식의 양변을 0이 아닌 같은 수식으로 나눠도 등식은 성립한다. $$\frac{A}{C} = \frac{B}{C} \ (C \neq 0)$$

ⓔ 등식의 양변을 교환해도 등식은 성립한다.
$$A = B$$

이 등식 변형의 의미를 천칭을 사용해서 설명하기로 하자(**그림 2-1**). $A = B$라고 하는 것은 A와 B가 같다는 의미이므로, 여기서는 천칭의 왼쪽 접시에 얹은 Ag의 물건과 오른쪽 접시에 얹은 Bg의 물건이 평형하고 있다고 가정한다. 평형을 이루고 있는 천칭의 양쪽 접시에 같은 무게의 물건을 얹어도 역시 평형을 이루고 있을

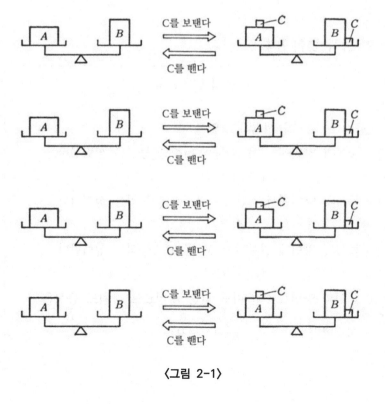

〈그림 2-1〉

것이다. 또 평형을 이루고 있는 천칭의 양쪽 접시로부터 같은 무
게의 물건을 제거해도, 역시 평형을 이루고 있을 것이다. 또 좌우
양쪽 접시에 얹혀 있는 물건의 개수를, 모두 같은 수만큼 몇 배로
하거나, 또 몇 분의 1을 덜어내더라도 역시 평형을 이루고 있을
것이라는 말이다.

등식 변형규칙으로부터 다음의 등식이항 규칙이 곧 얻어진다.

등식이항 규칙

$A - C = B$ 라면 $A = B + C$

$A + C = B$ 라면 $A = B - C$

$\dfrac{A}{C} = B$ 라면 $A = BC \, (C \neq 0)$

$AC = B$ 라면 $A = \dfrac{B}{C} \, (C \neq 0)$

이 규칙을 간단히 설명하면,

등식의 항을 다른 변으로 이항하는 데는, 역연산(逆演算)으로
고쳐서 이항하면 된다.

고 말할 수 있다. 실제로 방정식을 변형시켜 갈 경우에는, 등식 변
형규칙에 의해서 변형하기보다도 이 등식이항의 규칙을 사용해서
변형해 가는 것이 편리할 것이다.

<그림 2-2>

3. 동전으로 셈하기

이번에는 동전으로 방정식의 해법을 설명하겠다. 예를 들어 1원 짜리 동전 한 개의 무게를 꼭 1g이라고 하자. 50원짜리 동전의 무게를 조사하기 위해, 다음과 같은 실험을 했다(**그림2-2**).

「천칭의 왼쪽 접시에 50원짜리 동전 3개와 1원짜리 동전 2개를 얹고, 오른쪽 접시에 50원짜리 동전 1개와 1원짜리 동전 10개를 얹자, 천칭은 평형을 이루었다. 1원짜리 동전 1개의 무게가 1g이라 할 때, 50원짜리 동전의 무게를 구하라.」

50원짜리 동전의 무게를 구하는 문제이므로, 50원짜리 동전 1 개의 무게를 xg이라 하면, 왼쪽 접시의 무게는

$$3x + 2\text{g}$$

이 될 것이고, 오른쪽 접시의 무게는

$$x + 10\text{g}$$

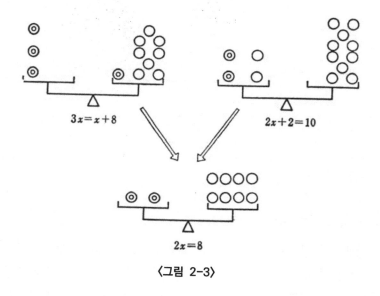

$$3x = x + 8$$

$$2x + 2 = 10$$

$$2x = 8$$

〈그림 2-3〉

이 된다. 이것이 평형하고 있으니까

$$3x + 2 = x + 10 \quad \cdots\cdots\cdots\cdots\cdots\cdots\cdots\cdots ①$$

이라는 식이 성립한다. 그런데 이것을 푸는 데는 두 가지 방법을 생각할 수 있다. 첫째 방법은, 맨 처음에 양쪽 접시로부터 1원짜리 동전 2개를 들어내고, 다음에는 50원짜리 동전 1개를 제거하는 방법이다. 둘째 방법은, 처음에 양쪽 접시로부터 50원짜리 동전 1개를 들어내고, 이어서 1원짜리 동전 2개를 제거하는 방법이다.

이어서, 양쪽 접시의 동전의 개수를 절반으로 하면 $x = 4$가 얻어진다. 결국 50원짜리 동전 1개의 무게는 4g이라는 것을 알 수 있다.

실제로 천칭으로 측정하면 오차가 생겨 잘 평형이 안되는 일이 있다. 그 때문에 컴퓨터의 화면 위에서 실험하게 하는 것이 좋을

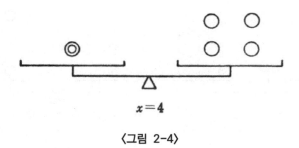

$$x=4$$

〈그림 2-4〉

것으로 생각된다.

4. 도르래가 달린 천칭

뺄셈이나 분수의 곱셈 규칙을 설명하는 데는, 천칭 대신 도르래가 달린 대저울로써 설명하는 것이 나을는지 모른다. 〈그림 2-5〉와 같이 도르래를 사용하여, 왼쪽 대의 끝을 Cg 들어올리면, Cg 쯤 가벼워지기 때문에, 왼쪽 대에 걸리는 무게는 $A-C$g이다. 마찬가지로 오른쪽 대에 걸리는 무게는 $B-D$g이다. 대저울이 평형을

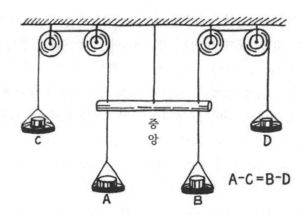

〈그림 2-5〉

이루고 있으므로, 이것은

$$A - C = B - D$$

라는 관계를 나타내고 있다. 이 방법이 편리한 것은, A보다 C가 클 때도 이용할 수 있으며

$$A = B \quad 이면 \quad -A = -B$$

라는 설명도 할 수 있다는 것이다.

5. 방정식의 해법

방정식의 해법을 예를 들어 설명하겠다.

$$5x - 2(x-1) = \frac{7}{2} - x$$

를 풀기로 한다.

우선 괄호를 없앤다.

$$5x - 2x + 2 = \frac{7}{2} - x$$

(괄호 앞에 마이너스가 있을 때는 괄호를 없앨 때 각 항의 부호를 바꾸는 것을 잊어서는 안 된다.)

분모를 없애기 위해, 양변을 2배 한다.

$$10x - 4x + 4 = 7 - 2x$$

양변의 동류항을 정리한다.

$$6x + 4 = 7 - 2x$$

x의 항을 한 변으로 정리한다.

$$6x + 4 + 2x = 7$$

다시 한번 동류항을 정리한다.

$$8x + 4 = 7$$

양변으로부터 4를 뺀다.

$$8x = 3$$

양변을 8로 나눈다.

$$x = \frac{3}{8} \quad \cdots\cdots\cdots\cdots\cdots\cdots (답)$$

미지수 x에 대한 **1차방정식**이란, 각 변의 괄호를 제거하여 동
류항을 정리했을 때, $ax + b = cx + d$가 되는 것과 같은 방정식을
말한다. 이와 같은 1차방정식을 푸는 데는 다음과 같이 한다.

1차방정식의 해법

ⓐ 먼저 괄호를 제거한다.

ⓑ 계수에 분수가 있을 때는 양변에 분모의 최소공배수를
곱해서 분모를 제거하고, 계수를 정수로 한다(계수에 소
수가 있을 때는, 양변에 10, 100, …… 을 곱해서 계수를 정
수로 한다).

ⓒ x를 포함하는 항을 한 변으로 모은다.

ⓓ 동류항을 정리하여 $ax = b$의 형태로 변형한다.

ⓔ 마지막에 양변을 a로 나눈다(단, $a \neq 0$).

---

6. 불능과 부정

이번에는 위의 1차방정식 해법에서 ⓔ의 단계까지 왔을때 $0 \cdot x = b$ 가 되거나 $0 \cdot x = 0$이 되는 특수한 경우를 생각하여 보자.

(A) 불능인 경우

$$2(x+1)+3 = 4+2x$$
$$2x+2+3 = 4+2x$$
$$2x+5 = 4+2x$$
$$2x+5-2x = 4$$
$$5 = 4?$$

(B) 부정인 경우

$$2(x+1)+3 = 5+2x$$
$$2x+2+3 = 5+2x$$
$$2x+5 = 5+2x$$
$$2x+5-2x = 5$$
$$5 = 5?$$

(A)는 5가 4와 같다는 것이므로 불가능한 일이다. 즉 이 방정식을 만족시킬 x는 없다는 것을 알 수 있다. 이와 같은 경우 '방정식은 **불능**이다(해가 없다)'라고 말한다. (B) 쪽은 언제라도 5는 5와 같으므로, 이 방정식은 모든 x에 대해 성립한다(항등식의 경우이다). 이와 같은 경우 '방정식은 **부정**이다'라고 말한다. 그러므로 1차방정식의 해법을 불능과 부정인 경우까지 포함하여 정리해 두기로 한다.

ⓓ $ax = b$의 형태로 변형한다.

다음의 ⓔ가 세 경우로 나누어진다.

ⓔ $a \neq 0$인 때, 양변을 a로 나눈다.

$a = 0$이고 $b \neq 0$인 때는 불능.

$a = 0$이고 $b = 0$인 때는 부정.

7. 응용문제의 해법

방정식의 응용문제를 푸는 데는 다음과 같이 한다.

방정식의 응용문제의 해법

ⓐ 구하려는 것이 무엇인가? 주어진 것이 무엇인가를 생각한다.

ⓑ 무엇과 무엇이 같은 것인가를 조사한다.

ⓒ 무엇을 x로 두는 것이 좋은가를 생각한다.

ⓓ 방정식을 만든다.

ⓔ 방정식을 푼다.

ⓕ 방정식의 풀이가 문제에 적합한지를 조사한다.

응용문제를 내어 보기로 한다.

「강당에 5명씩 앉을 수 있는 긴 의자가 놓여 있다. 전교생이 한 의자에 5명씩 앉으면 긴 의자는 7개가 남고 4명씩 앉으면 23명이 앉지 못하게 된다. 학생의 수는 몇 명일까?」

구하려는 것은 학생 수인데, 학생 수를 x명으로 하면 식을 만들기 어려워진다. 그래서 긴 의자의 개수를 x개로 한다. 문제를 읽

1개에 앉는 학생 수	사용한 의자	앉은 학생 수	못 앉은 학생 수	학생 수
5	$x-7$	$5(x-7)$	0	$5(x-7)$
4	x	$4x$	23	$4x+23$

어 보면 5명이 앉을 때와 4명이 앉을 때의 두 가지 경우로 나눠
진다. 두 가지 경우에 대해 사용한 의자, 앉은 학생 수, 앉지 못한
학생 수 등에 대해 표시해 보면, 식을 세우는 데 도움이 될 것이다.

5명이 앉았을 때의 학생 수는

$$5(x-7)명$$

4명이 앉았을 때의 학생 수는

$$4x+23명$$

이므로

$$5(x-7)=4x+23$$

이라는 식이 성립한다.

$$5x-35=4x+23$$
$$5x-35-4x=23$$
$$x-35=23$$
$$x=58\,(개)$$

긴 의자가 58개이니까 학생 수는 5

$$5\times(58-7)=255\,(명)$$

이 된다.

이것은 문제의 뜻에 적합하다.

[답] 학생수 255명

학생 수를 x명으로 했을 때는 식을 세우기는 어렵지만, 다음과 같이 생각하면 된다.

1개에 앉는 학생 수	앉은 학생 수	사용한 의자	사용하지 않은 의자	의자
5	x	$\dfrac{x}{5}$	7	$\dfrac{x}{5}+7$
4	$x-23$	$\dfrac{x-23}{4}$	0	$\dfrac{x-23}{4}$

5명이 앉았을 때, 사용한 의자는 $\dfrac{x}{5}$개이고, 7개가 남아 있었으니까 의자는 모두

$$\frac{x}{5}+7개$$

가 있다는 것을 알 수 있다.

4명이 앉았을 때, $x-23$명이 앉았으니까 의자의 수는 $\dfrac{x-23}{4}$개가 된다. 이때는 의자를 모두 사용하고 있었으므로

$$\frac{x}{5}+7 = \frac{x-23}{4}$$

이라는 식이 성립한다.

분모를 제거하기 위해 양변을 20배 한다.

$$4x + 140 = 5x - 115$$
$$4x + 140 - 5x = -115$$
$$-x + 140 = -115$$
$$-x = -255$$
$$x = 255$$

으로 하여, 학생 수 255명을 구할 수가 있다.

(2) 연립 1차방정식

1. 노새와 당나귀

유클레이데스(Eukleides : 유클리드라고도 한다)가 지었다고 전해
지는 『그리스 시화집(詩畵集)』에 있는 문제를 들어 보기로 하자.

노새와 당나귀가 터벅터벅
자루를 운반하고 있었습니다.
너무도 짐이 무거워서
당나귀가 한탄하고 있었습니다.
노새가 당나귀에게 말했습니다.
「연약한 소녀가 울기라도 하듯이
어째서 너는 한탄하는가?
네가 진 짐의 한 자루만
내 등에다 옮겨 놓으면
나는 네 짐의 배가 되는 걸.

내 짐의 한 자루를

네 등에 다 옮긴다면
나와 너는 같은 수가 되는 거다.」
수학을 아는 사람들이여.
어서어서 가르쳐 주셔요.
노새와 당나귀의 짐이 몇 자루인지를.

이 문제를 풀어 보자.

	노새	당나귀	
처음	x	y	
1회째	$x+1$	$y-1$	노새는 당나귀의 2배
2회째	$x-1$	$y+1$	노새는 당나귀와 같다

노새와 당나귀의 짐 수를 각각 x자루, y자루라고 한다. 당나귀

의 짐의 1자루를 노새에게 옮겨 놓으면

노새의 짐 수는 $x+1$자루

당나귀의 짐 수는 $y-1$자루

인데, 이때 당나귀의 짐 수의 2배가 노새의 짐 수이므로

$$x+1=2(y-1) \quad \cdots\cdots\cdots\cdots\cdots\cdots\cdots\cdots① $$

이 된다. 다음에 노새의 1자루를 당나귀에 옮겨 놓으면, 짐 수가 같아지기 때문에

$$x-1=y+1 \quad \cdots\cdots\cdots\cdots\cdots\cdots\cdots\cdots② $$

이 된다.

이 연립방정식 ①, ②를 풀어보자.

(A) 대입법

②로부터

$$x=y+2 $$

이것을 ①에 대입하면

$$\begin{aligned}
&y+2+1=2(y-1)\\
&y+3=2y-2\\
&y+3-2y=-2\\
&-y+3=-2\\
&-y=-5\\
&y=5
\end{aligned}$$

따라서 $x=7$

노새가 7자루, 당나귀가 5자루를 운반하고 있었다. 이것은 문제의 뜻에 들어맞는다.

(B) 가감법

①———②로부터

$$2 = 2(y-1) - (y+1)$$
$$2 = 2y - 2 - y - 1$$
$$y = 5$$
$$x = 7$$

이것은 문제의 뜻에 들어맞는다.

[답] 노새가 7자루, 당나귀가 5자루를 운반하고 있었다.

2. 2원 1차 연립방정식의 해법

2개의 미지수(이를테면 x와 y)를 포함하는 1차방정식

$$ax + by + c = 0$$

을 **2원 1차방정식**이라고 한다. 2원 1차방정식을 2개조로 한 것을
2원 1차 연립방정식이라고 한다. x, y에 대한 2원 1차 연립방정식

$$\begin{cases} ax + by = c \cdots\cdots\cdots\cdots ① \\ px + qy = r \cdots\cdots\cdots\cdots ② \end{cases}$$

을 푸는 데는, x나 y의 한쪽 변수를 소거하고, 나머지 한쪽만의
방정식으로 고칠 필요가 있다. 하나의 변수를 소거하는 데는 앞에
서 말했듯이 대입법과 가감법이 있다.

대입법이란 ①로부터

$$y = \frac{c - ax}{b} \quad (b \neq 0 \text{인 때})$$

로 하여, 이 y를 ②에 대입해서 x만의 방정식을 만드는 방법이다. 물론 ②로부터 y를 x의 식으로 나타내어, 그것을 ①에 대입해도 된다. 또 x를 y의 식으로서 나타내어 다른 식에 대입하는 방법도 생각할 수 있다.

가감법이란 ①의 양변을 q배한 것으로부터, ②의 양변을 b배 한 것을 빼면 y가 소거되고, x만의 방정식을 만드는 방법이다.

$$\begin{array}{r} ①\times q\cdots\cdots\ aqx+bqy=cq \\ -)\,②\times b\cdots\cdots\ bpx+bqy=br \\ \hline (aq-bp)x=cq-br \end{array}$$

가감법에도 x를 소거하고, y만의 방정식을 만드는 다른 방법이 있다.

3. 불능과 부정

2원 1차 연립방정식에도 다음과 같은 불능과 부정형이 있다.

연립방정식

$$(A)\ \begin{cases} 2x+37=4 \cdots\cdots\cdots\cdots ① \\ 4x+6y=5 \cdots\cdots\cdots\cdots ② \end{cases}$$

①×2-②로부터

$$0=3$$

따라서 이와 같은 $x,\ y$는 존재하지 않는다.

[답] <u>해는 없다(불능)</u>

$$(B) \begin{cases} 2x+3y=4 \cdots\cdots\cdots ① \\ 4x+6y=8 \cdots\cdots\cdots ② \end{cases}$$

①×2-②로부터

$$0 = 0$$

[답] 부정

(A) 쪽은 0과 3이 같다고 하는 불가능한 경우가 나왔으므로 이 연립방정식에는 해가 없다. 따라서 해가 없다거나, 불능이라고 한다.

(B) 쪽은 1원 1차방정식 때처럼, 부정이라고만 답하는 것으로는 불충분하다. ②의 양변을 2로 나누면 ①이 얻어지므로, ①과 ②의 두 개의 식이 있는 것처럼 보이면서도 실제로는 ①밖에 없다는 것과 같은 것이다. x의 값을 임의로 결정하면 y의 값은

$$y = \frac{4-2x}{3}$$

에 의해, 단 하나로 결정된다. 즉 x도 y도 임의인 것이 아니라, x와 y의 한쪽만이 임의이고, 다른 하나는 나머지에 의해 결정되는 것이다(이때 자유도 1이라고 한다). 답은

$$\begin{cases} x\text{는 임의의 수} \\ y = (4-2x)/3 \end{cases}$$

으로 나타내는 것이 옳다. 물론

$$\begin{cases} x = (4-3y)/2 \\ y\text{는 임의의 수} \end{cases}$$

라고 답을 쓰는 방법도 있다.

4. 3원 1차 연립방정식

미지수가 3개나 있는 3원 1차 연립방정식도 생각할 수 있다.

$$
\begin{cases}
ax + by + cz = d \cdots\cdots\cdots\cdots ① \\
ex + fy + gz = h \cdots\cdots\cdots\cdots ② \\
px + qy + rz = s \cdots\cdots\cdots\cdots ③
\end{cases}
$$

이 방정식을 푸는 데도, 1개의 문자를 소거해서 2원 1차 연립방정식을 만들어서 풀면 된다. 그러기 위해서는 역시 **대입법과 가감법**이 있다.

대입법은 ①로부터

$$z = (d - ax - by)/c \qquad (c \neq 0 \text{인 때})$$

로 하여, 이것을 ②와 ③에 대입하면 x와 y에 대한 2원 1차 연립방정식이 얻어지므로, 나머지는 이것을 풀면 되는 것이다.

가감법은 ①$\times g -$②$\times c$로부터

$$(ag - ce)x + (bg - cf)y = dg - ch \cdots\cdots\cdots ④$$

라고 하는 2원 1차방정식이 된다. 다음에

②$\times r -$③$\times g$로부터

$$(er - gq)x + (fr - gq)y = hr - gs \cdots\cdots\cdots ⑤$$

라는 2원 1차방정식이 또 하나 만들어진다. ④와 ⑤의 연립방정식을 풀면 된다.

5. 동전의 무게

동전의 무게에 관한 문제를 예로 들어서 연립방정식의 해법을

설명하기로 한다.

「1원짜리 동전 1개의 무게는 1g이고, 50원짜리 동전 1개의 무게는 4g이다. 여러 종류의 동전을 접시가 2개 달린 천칭에 달아 보았더니, 다음과 같은 결과가 얻어졌다. 각각의 동전의 무게를 구하여라.

⑴ 왼쪽 접시에 10원짜리 동전 2개를 얹고, 오른쪽 접시에 50원짜리 동전 2개와 1원짜리 동전 1개를 얹었더니 평형이 되었다.

⑵ 왼쪽 접시에 5원짜리 동전 1개와 100원짜리 동전 1개를 얹고, 오른쪽 접시에 10원짜리 동전 1개와 50원짜리 동전 1개를 얹었더니 평형이 되었다.

⑶ 왼쪽 접시에 5원짜리 동전 1개와 10원짜리 동전 1개를 얹고, 오른쪽 접시에 500원짜리 동전 1개와 1원짜리 동전 1개를 얹었더니 평형이 되었다.

⑷ 왼쪽 접시에 100원짜리 동전 3개를 얹고, 오른쪽 접시에 500원짜리 동전 2개를 얹었더니 평형이 되었다.」

5원, 10원, 100원, 500원의 각 동전의 무게를 각각 xg, yg, zg, wg이라고 한다. 그러면 ⑴ ⑵ ⑶ ⑷의 조건을 식으로 나타내어 보면 다음과 같이 된다.

$$\begin{cases} 2y = 9 & \cdots\cdots ① \\ x+z = y+4 & \cdots\cdots ② \\ x+y = w+1 & \cdots\cdots ③ \\ 3z = 2w & \cdots\cdots ④ \end{cases}$$

금방 알 수 있는 것은 ①로부터 y가 구해지는 것이다.

$$y = 4.5$$

가 된다. 이것을 ②와 ③에 대입하면

$$x + z = 8.5 \cdots\cdots\cdots\cdots\cdots\cdots ②'$$
$$x + 4.5 = w + 1 \cdots\cdots\cdots\cdots ③'$$

이 ②′ ③′와 ④의 3원 1차 연립방정식을 풀면 되는 셈이다. 풀이에는 세 가지 방법이 있다. 즉, x를 소거하는 방법, z를 소거하는 방법, w를 소거하는 방법이다.

②′ − ③′로부터 x를 소거하면

$$z - 4.5 = 7.5 - w$$
$$z = 12 - w$$

이 z을 ④에 대입하면

$$3(12 - w) = 2w$$
$$5w = 36$$
$$w = 7.2$$

따라서

$$z = 4.7 \qquad x = 3.7$$

[답] 5원 3.7g, 10원 4.5g, 100원 4.8g, 500원 7.2g

z를 먼저 소거하려면 ②′와 ④로부터 z를 소거한 후 ②′×③−④로부터

$$3x = 25.5 - 2w$$

이것과 ③′와의 2원 1차 연립방정식을 풀면 된다.

w를 맨 처음에 소거하는 데는 ③′와 ④로부터 w를 소거한다. ③′×②−④로부터

$$2x + 9 - 3z = 2$$

이것과 ②'와의 2원 1차 연립방정식을 풂으로써 구해진다. 이와 같이 해서 n원 1차 연립방정식을 푸는 데는, 1개의 문자를 소거해서 $(n-1)$원 1차 연립방정식으로 하고 차츰차츰 미지수의 수를 줄여가서 마지막에 1차방정식을 푸는 것으로 귀착시키는 것이다. 이 경우, n원 1차 연립방정식을 풀기 위해서는, 일반적으로 n개의 식이 필요하다. 문자가 하나 줄 때마다 식의 수도 하나씩 줄어든다.

(3) 직선의 방정식

1. 2원 1차방정식의 그래프
2원 1차방정식

$$ax + by + c = 0$$

을 그래프로 나타내어 보면 일반적으로는 직선으로 된다. 예를 들어 설명하겠다.

$$2x - y - 1 = 0$$

의 그래프를 써 보기로 한다. 이 식을 변형하면

$$y = 2x - 1$$

이 된다. x와 y의 대응표를 적어보면

x		-4	-3	-2	-1	0	1	2	3	4	5	6	
y		-9	-7	-5	-3	-1	1	3	5	7	9	11	

이 표를 보고 있노라면, x가 하나씩 늘어날 때마다 y는 언제나 둘씩 늘어나고 있는 것을 알 수 있다. 더구나 $x=0$인 때 $y=-1$ 이므로, 이 그래프는 y축과 점 (0, -1)에서 만나고, 기울기가 2의 직선이라는 것을 알 수 있다(**그림 2-6**). 일반적인

$$ax + by + c = 0$$

의 그래프를 생각해 보자.

(i) $b \neq 0$인 때

$$y = -\frac{a}{b}x - \frac{c}{b}$$

가 되므로, y축과 점 $\left(0, -\dfrac{c}{b}\right)$에

서 만나고, 기울기가 $-\dfrac{a}{b}$의 직선이

된다.

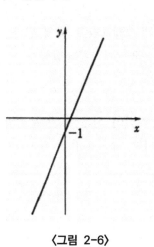

〈그림 2-6〉

(ii) $b=0$, $a \neq 0$인 때

$$x = -\frac{c}{a}$$

로 변형되므로, x축과 점 $\left(-\dfrac{c}{b}, 0\right)$에서 x축과 직교하는 직선이 된다.

(부정·불능인 경우)

(iii) $a=b=0$, $c \neq 0$인 때

$$0x + 0y + 0 = 0$$

이런 일은 불가능하므로 이 그래프는 존재하지 않는다.

(ⅳ) $a = b = c = 0$인 때

$$0x + 0y + 0 = 0$$

이것은 0=0으로서 언제든지 성립한다. 즉 평면 위의 모든 점 (x, y)가 이 2원 1차방정식을 만족시키기 때문에, 평면 위의 모든 점이 그래프라고 하게 된다.

결국 2원 1차방정식

$$ax + by + c = 0$$

이 직선이 되는 것은 부정과 불능인 경우 (ⅲ)과 (ⅳ)를 제외한 경우이고, $a \neq 0$ 또는 $b \neq 0$인 때에 한한다는 것을 알 수 있다.

$ax + by + c = 0$이 직선을 나타낸다

$\Leftrightarrow a \neq 0$ 또는 $b \neq 0$

---

2. 1차방정식의 그래프상의 의미

1차방정식

$$ax + b = cx + d \cdots\cdots\cdots\cdots\cdots ①$$

의 해법을, 그래프를 사용해서 설명하겠다. 이 식을 y로 두면 2개의 직선

$$\begin{cases} y = ax + b \cdots\cdots\cdots\cdots\cdots ② \\ y = cx + d \cdots\cdots\cdots\cdots\cdots ③ \end{cases}$$

의 교점인 x좌표가 1차방정식 ①의 풀이로 되어 있다.

(ⅰ) ②와 ③이 한 점에서 교차할 때, 즉 ②와 ③의 기울기 a와 c가 다를 때($a \neq c$인 때), 방정식 ①은 단 하나의 풀이

$$x = \frac{d-b}{a-c}$$

가 얻어진다.

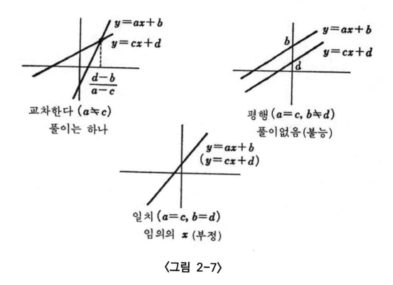

〈그림 2-7〉

(ⅱ) ②와 ③이 평행인 때, 즉 ②와 ③의 기울기 a와 c가 같고, y축과의 교점이 다르면($a = c$이고 $b \neq d$인 때), 방정식 ①에는 풀이가 없다(불능).

(ⅲ) ②와 ③이 일치할 때, 즉 ②와 ③의 기울기 a와 c가 같고,

y축과의 교점도 일치할 때($a = c$이고 $b = d$인 때), 방정식 ①은 항등식으로 되어 있으므로 모든 실수 x가 해가 된다(부정).

3. 2원 1차 연립방정식의 그래프상의 의미

2원 1차 연립방정식

$$\begin{cases} ax + by + c = 0 \quad \cdots\cdots\cdots\cdots ③ \\ px + qy + r = 0 \quad \cdots\cdots\cdots\cdots ④ \end{cases}$$

의 풀이와 그래프와의 관계를 조사해 보자. 먼저 가감법에 의해 이 연립방정식을 풀어보기로 한다.

①$\times q -$②$\times b$로부터

$$(aq - bp)x = br - cq \quad \cdots\cdots\cdots\cdots ③$$

②$\times a -$①$\times p$로부터

$$(aq - bp)y = cp - ar \quad \cdots\cdots\cdots\cdots ④$$

가 얻어진다.

（ⅰ） $aq \neq bp$일 때

$ap - bp \neq 0$이므로,.

$$\begin{cases} x = (br - cq)/(aq - bp) \\ y = (cp - ar)/(aq - bp) \end{cases}$$

라는 단 하나의 풀이가 얻어진다.

이 경우 ①과 ②는 모두 직선이고 한 점에서 만나고 있다.

（ⅱ） $aq = bp(br \neq cq$ 또는 $cp \neq ar)$인 때

이때 ③과 ④의 좌변은 0인데도, ③이나 ④의 우변은 0이 아닌

셈이므로 불합리하게 된다. 따라서 연립방정식에는 풀이가 없다(불능).

　이것을 그래프로서 말하면, ①과 ②가 직선을 나타내고 있는 경우는, 2 직선은 평행으로 되어 있어 교점이 없다는 것을 가리키고 있다. 어느 한쪽이 직선이 아닐 때는 부정이나 불능인 경우로서 그래프를 그릴 수 없는 경우이다.

$$a=b=0, \ c\neq 0 이나 \ p=q=0, \ r\neq 0$$

이라는 경우이다.

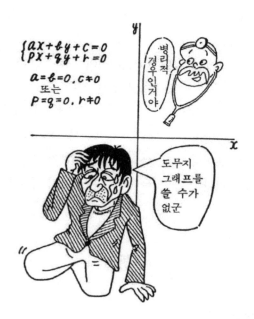

(iii) $aq=bp, \ br=cq, \ cp=ar$일 때

이때, 풀이 $x, \ y$는 무수히 있다(부정).

①, ②가 모두 직선을 나타내고 있을 때는 두 직선이 일치하는 경우이다.

①이 직선을 나타내고, ②가 직선을 나타내지 않을 때는 $a \neq 0$ 또는 $b \neq 0$이고 $p = q = r = 0$이다.

②가 직선을 나타내고, ①이 직선을 나타내지 않을 때는 $p \neq 0$ 또는 $q \neq 0$이고 $a = b = c = 0$이다.

이상의 세 가지 경우, x, y의 한쪽은 임의이고 다른 쪽은 직선을 나타내는 관계식에 의해 하나로 결정된다.

마지막은 ①도 ②도 직선을 나타내지 않는 경우로 $a = b = c = 0$, $p = q = r = 0$이다. 이때는 x, y는 모두 임의의 실수이다(자유도 2).

두 개의 2원 1차방정식이 모두 직선에 대응하고 있는 경우

2직선의 상태		2원 1차 연립방정식
(a) 교차한다	⇔	단 하나의 해를 갖는다
(b) 평행이다	⇔	불능(해가 없다)
(c) 일치한다	⇔	부정(해가 무수히 많다)

---

(4) 행렬식

1. 2차행렬식

2원 1차 연립방정식

$$\begin{cases} ax + by = c \cdots\cdots\cdots ① \\ px + qy = r \cdots\cdots\cdots ② \end{cases}$$

를 가감법으로 풀어본다.

①×q−②×b로부터

$$(aq-bp)x = cq-br \cdots\cdots\cdots ③$$

②×a−①×p로부터

$$(aq-bp)y = ar-cp \cdots\cdots\cdots ④$$

로 되는데, 두 수를 곱한 것
끼리를 빼는 식이 많이 나온
다. 그래서

$$aq-bp를 \begin{vmatrix} a & b \\ p & q \end{vmatrix}$$

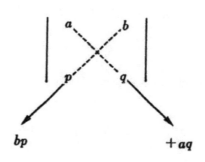

〈그림 2-8〉

로 나타내기도 한다. 사실은
이것이 **2차행렬식**이라고 불
리는 것이다. 그러면

$$cq-br = \begin{vmatrix} c & b \\ r & q \end{vmatrix} \qquad ar-cp = \begin{vmatrix} a & c \\ p & r \end{vmatrix}$$

로 되기 때문에 ③, ④는

$$\begin{vmatrix} a & b \\ p & q \end{vmatrix} x = \begin{vmatrix} c & b \\ r & q \end{vmatrix} \cdots\cdots\cdots ③'$$

$$\begin{vmatrix} a & b \\ p & q \end{vmatrix} x = \begin{vmatrix} a & c \\ p & r \end{vmatrix} \cdots\cdots\cdots ④'$$

로 쓸 수가 있다. ③'의 우변의 행렬식은 좌변의 행렬식의 a, p
대신에 c, r을 대입한 것이다. 마찬가지로 ④'의 우변의 행렬식도
좌변의 행렬식의 b, q 대신 c, r을 대입해서 얻어진다.

2. 3차행렬식

위와 같은 일을 3원 1차 연립방정식에 대해서는 할 수 없을까?

$$\begin{cases} a_1x + b_1y + c_1z = d_1 \quad\text{............} \quad ① \\ a_2x + b_2y + c_2z = d_2 \quad\text{............} \quad ② \\ a_3x + b_3y + c_3z = d_3 \quad\text{............} \quad ③ \end{cases}$$

가감법에 의해서 이 연립방정식을 풀어보기로 하자.

$$① \times (b_2c_3 - b_3c_2) + ② \times (b_3c_1 - b_1c_3) + ③ \times (b_1c_2 - b_2c_1)$$

을 계산해 보라. 좀 복잡한 계산 끝에

$$(a_1b_2c_3 + a_2b_3c_1 + a_3b_1c_2 - a_1b_3c_2 - a_2b_1c_3 - a_3b_2c_1)x$$
$$= d_1b_2c_3 + d_2b_3c_1 + d_3b_1c_2 - d_1b_3c_2 - d_2b_1c_3 - d_3b_2c_1 \quad\text{......} \quad ④$$

가 얻어진다. 또

$$① \times (a_3c_2 - a_2c_3) + ② \times (a_1c_3 - a_3c_1) + ③ \times (a_2c_1 - a_1c_2)$$

로부터

$$(a_1b_2c_3 + a_2b_3c_1 + a_3b_1c_2 - a_1b_3c_2 - a_2b_1c_3 - a_3b_2c_1)y$$
$$= a_1d_2c_3 + a_2d_3c_1 + a_3d_1c_2 - a_1d_3c_2 - a_2d_1c_3 - a_3d_2c_1 \quad\text{......} \quad ⑤$$

다시

$$① \times (a_2b_3 - a_3b_3) + ② \times (a_3b_1 - a_1b_3) + ③ \times (a_1b_2 - a_2b_1)$$

로부터

$$(a_1 b_2 c_3 + a_2 b_3 c_1 + a_3 b_1 c_2 - a_1 b_3 c_2 - a_2 b_1 c_3 - a_3 b_2 c_1)z$$

$$= a_1 b_2 d_3 + a_2 b_3 d_1 + a_3 b_1 d_2 - a_1 b_3 d_2 - a_2 b_1 d_3 - a_3 b_2 d_1 \cdots\cdots ⑥$$

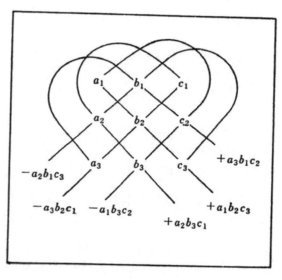

〈그림 2-9〉

이 얻어진다.

④, ⑤, ⑥의 좌변의 계수는 모두 같은 형태를 하고 있다. 이것을

$$\begin{vmatrix} a_1 & b_1 & c_1 \\ a_2 & b_2 & c_2 \\ a_3 & b_3 & c_3 \end{vmatrix}$$

으로 둔다. 이것은 **3차행렬식**이라고 불리는 것이다. 3행 3열의 각 행, 각 열 하나씩이 되도록 3수를 취해서 곱한다. 그 경우 오른쪽 아래로 비스듬히 내려가는 3수의 곱을 +, 왼쪽 아래로 비스듬히

내려가는 3수의 곱을 -로 하면 되는 것이다.

그렇게 하면 ④, ⑤, ⑥은 다음과 같이 쓸 수 있다.

$$\begin{vmatrix} a_1 & b_1 & c_1 \\ a_2 & b_2 & c_2 \\ a_3 & b_3 & c_3 \end{vmatrix} x = \begin{vmatrix} d_1 & b_1 & c_1 \\ d_2 & b_2 & c_2 \\ d_3 & b_3 & c_3 \end{vmatrix} \cdots\cdots\cdots ④'$$

$$\begin{vmatrix} a_1 & b_1 & c_1 \\ a_2 & b_2 & c_2 \\ a_3 & b_3 & c_3 \end{vmatrix} y = \begin{vmatrix} a_1 & d_1 & c_1 \\ a_2 & d_2 & c_2 \\ a_3 & d_3 & c_3 \end{vmatrix} \cdots\cdots\cdots ⑤'$$

$$\begin{vmatrix} a_1 & b_1 & c_1 \\ a_2 & b_2 & c_2 \\ a_3 & b_3 & c_3 \end{vmatrix} y = \begin{vmatrix} a_1 & b_1 & d_1 \\ a_2 & b_2 & d_2 \\ a_3 & b_3 & d_3 \end{vmatrix} \cdots\cdots\cdots ⑥'$$

이러한 ④', ⑤', ⑥'의 표현쪽이 ④, ⑤, ⑥과 비교할 때 간단하고 아름답다고 생각되지 않는가? n원 1차 연립방정식도 이와 같은 n행 n열의 행렬식을 사용해서 표현할 수 있다. 나머지는 n행 n열의 행렬식의 계산법을 알면, 어떠한 n원 1차 연립방정식도 풀 수가 있다.

(5) 1차 부정방정식

1. 미지수의 수와 식의 수

일반적인 표현을 한다면, 미지수의 개수보다 방정식의 개수가 적은 (연립)방정식을 가리켜 **부정방정식**(不定方程式)이라고 한다. 이를테면 미지수가 x와 y 둘이 있는데도 식이 하나

$$ax + by + c = 0$$

밖에 없을 경우, 일반적으로는 x, y의 값은 단지 하나라고는 결정되지 않기 때문에 부정(不定)이라고 하는 것이다.

m개의 미지수를 포함한 식이 n개가 있다고 하자. 제1식 속에 포함되어 있는 하나의 미지수에 대해서 해석하면, 그 미지수는 나머지 $m-1$개의 미지수를 써서 나타내어진다. 이 미지수를 제2식 이하의 모든 식에 대입하면, 그 미지수는 소거된다. 즉 1개의 미지수를 포함한 $m-1$개의 식이 만들어진 것으로 된다. $m > n$인 때, 즉 식의 개수보다도 미지수 쪽이 많을 때는, 미지수를 $m-n+1$개를 포함한 부정방정식이 하나 남게 된다.

$m = n$일 때는 보통의 연립방정식이다. $m < n$일 때, 위의 m개의 방정식만을 써서 연립방정식을 풀고, 그 풀이가 나머지 $n-m$개의 식도 만족하는지 어떤지를 조사하면 된다. 만약에 만족하지 않는 식이 있으면, 그것은 해가 되지 않으며 모든 식을 만족시키면 그것은 구하는 해(공통해)가 된다.

---

m개의 미지수를 포함하는 식이 n개 있을 때

$m > n$일 때, 일반적으로 부정방정식이 된다.

$m = n$일 때, 보통 연립방정식이 된다.

$m < n$일 때, 공통해를 구하는 문제가 된다.

---

2. 1차 디오판토스방정식

부정방정식의 해 중에서

실수해(實數解), 유리수해(有理數解), 정수해(整數解)만을 구하라는 제한이 붙은 것이 있다. 특히 정수풀이만을 구하는 부정방정식을 **디오판토스방정식**이라고 한다. 1차의 디오판토스방정식

$$ax + by + c = 0$$

의 해법을, 예를 들어 설명하겠다.

「5원짜리 동전 1개의 무게는 3.9g이고, 10원짜리 동전 1개는 4.5g이다. 5원짜리 동전 몇 개와 10원짜리 동전 몇 개를 합하면 꼭 160g이 된다고 한다(무게에는 오차가 없는 것으로 한다). 각각의 동전은 몇 개씩일까?」

5원짜리 동전이 x개, 10원짜리 동전이 y개였다고 하자. 그러면

$$3.7x + 4.5y = 160 \quad\cdots\cdots\cdots\cdots\cdots\cdots\cdots ①$$

이라는 관계식이 성립된다. 양변에 10을 곱하면

$$37x + 45y = 1600 \quad\cdots\cdots\cdots\cdots\cdots\cdots ①'$$

$45y$를 이항하여

$$37x = 5(320 - 9y) \quad\cdots\cdots\cdots\cdots\cdots ②$$

로 변형한다. 우변은 5의 배수이므로, 좌변도 5의 배수이니까

$$x = 5m \quad (m은 \ 정수) \ \cdots\cdots\cdots\cdots\cdots ③$$

라고 쓸 수 있다. 이것을 ②에 대입하면

$$320 - 9y = 37m \quad\cdots\cdots\cdots\cdots\cdots\cdots ④$$

이 된다. 이것을 $y = \cdots\cdots$으로 변형하면

3.7g x 개   4.5g y 개

$$y = \frac{320 - 37m}{9} = 35 - 4m + \frac{5-m}{9} \quad \cdots\cdots\cdots\cdots \textcircled{4}$$

인데 y는 정수이므로 $\dfrac{5-m}{9}$도 정수이어야 한다. 따라서 $5-m$ 은 9의 배수이다.

$$5 - m = 9n$$
$$m = 5 - 9n$$

이 m을 ③과 ④에 대입해서

$$x = 25 - 45n$$
$$y = 37n + 15$$

가 얻어진다. 더구나 $x \geq 0,\ y \geq 0$이므로

$$x = 25 - 45n \geq 0$$

으로부터 $n \leq \dfrac{5}{9}$

$$y = 37n + 15 \geq 0$$

으로부터 $-\dfrac{15}{37} \leq n$

즉

$$-\frac{15}{37} \leq n \leq \frac{5}{9}$$

로 된다. 이것을 만족시키는 정수 n을 구하면, $n = 0$뿐이다. 따라서

$$x = 25 \qquad\qquad y = 15$$

라는 해가 얻어진다. 이것은 문제의 뜻에 적합하다.

[답] 5원짜리 동전 25개, 10원짜리 동전 15개

1차의 디오판토스방정식의 해법에 대해서는, 이 이상 언급하지 않겠다.

(6) 1차방정식의 역사

1. 고대 이집트

기원전 19세기의 이집트의 승려 아메스(Ahmes)가 남긴 파피루스(papyrus)에는 많은 수학 문제가 나와 있다. 그중에 **아하문제**라고 불리는 것이 있다. 아하란 미지량을 말한다.

「아하와 아하의 $\dfrac{1}{7}$의 합이 19일 때, 그 아하를 구하라.」

이것을 현대식으로 고쳐 쓰면

$$x+\frac{x}{7}=19$$

가 되고, 이것을 풀면

$$x=\frac{133}{8}$$

이 얻어진다. 그러나 이집트에서는 **가정법**(假定法)이라고 불리는 방법을 사용해서 풀고 있다.

답이 7이라고 가정하고서 생각하는 것이다. 그렇게 하면 7과 7의 $\frac{1}{7}$, 즉 1을 보태면 8밖에 되지 않는다. 이 8을 19로 하는 데는 얼마를 곱해야 할까? 파피루스에는 **〈그림 2-10〉**과 같은 계산식이 나와 있다. 19로 하는 데는 오른쪽 줄의 ○표를 한 곳의 것만

1	8
○ 2	○ 16
$\frac{1}{2}$	4
○ $\frac{1}{4}$	○ 2
○ $\frac{1}{8}$	○ 1

〈그림 2-10〉

○ 1	2 $\frac{1}{4}$ $\frac{1}{8}$
○ 2	4 $\frac{1}{2}$ $\frac{1}{4}$
○ 4	9 $\frac{1}{2}$

〈그림 2-11〉

보태면 되므로, 8을 2, $\frac{1}{4}$, $\frac{1}{8}$배하면 19가 된다. 따라서 7의 2,

$\frac{1}{4}$, $\frac{1}{8}$배가 답이 된다. 이것을 계산하기 위해 〈그림 2-11〉과 같

은 계산식이 쓰여 있다. 7은 1+2+4이므로, ○표가 있는 곳을 보

태면 되므로, 답은 16, $\frac{1}{2}$, $\frac{1}{8}$이 된다. 이집트에서는 이와 같이

분자가 1인 분수(단위분수)밖에 사용하고 있지 않았다.

2. 고대 바빌로니아

고대 이집트보다 더 오래전부터 번영했던 고대 바빌로니아에서
는, 1차방정식의 해법 따위는 장기 중의 장기였다. 따라서 1차방
정식 같은 것은 너무 초보적이어서 주목할 만한 값어치도 없다고
생각했기 때문인지, 2차방정식 등의 해법에 대한 기록은 많은데도,
1차방정식의 해법을 기록한 것은 그리 많지가 않다. 한 예를 들어

보기로 하자.

「너비의 4분의 1과 길이를 더하면 7파름(단위의 이름)이고, 길이와 너비를 더하면 10파름이 된다. 너비와 길이는 각각 얼마이냐?」

너비 및 길이를 각각 x파름, y파름이라고 하면

$$\begin{cases} \dfrac{1}{4}x + y = 7 & \cdots\cdots\cdots\cdots\cdots ① \\ x + y = 10 & \cdots\cdots\cdots\cdots ② \end{cases}$$

①×4로부터

$$x + 4y = 28 \quad\cdots\cdots\cdots\cdots\cdots③$$

③－②로부터

$$3y = 18$$
$$y = 6$$

그러므로 $x = 4$

이것은 문제의 뜻에 들어맞는다.

<u>[답] 너비 4파름, 길이 6파름</u>

바빌로니아에서도 이와 같은 가감법을 사용하여 1차 연립방정식을 풀고 있었다.

3. 고대 중국

중국에서 가장 오래된 수학책 『구장산술(九章算術)』의 「방정」장 제1문제는 다음과 같은 문제이다.

「지금 상품 벼 3섬과 중품 벼 2섬과 하품 벼 1섬에서 벼가 39말이 나오고, 상품 벼 2섬과 중품 벼 3섬과 하품 벼 1섬에서는 벼

〈그림 2-12〉

가 34말이 나오며, 상품 벼 1섬과 중품 벼 2섬과 하품 벼 3섬에 서는 벼가 26말이 나온다. 상·중·하의 벼는 1섬에서 각각 얼마이냐?」

계산법으로는 다음과 같이 설명하고 있다.

「상품 벼 3섬, 중품 벼 2섬, 하품 벼 1섬, 벼 39말을 오른쪽 행에 둔다. 중간 행, 왼쪽 행의 벼와 오른쪽 행과 같이 배열한다.」

이것은 〈그림 2-12〉와 같이 두는 것을 뜻하고 있다. 이것을 산 용숫자로 고쳐쓰고, 다음 쪽의 계산을 설명하겠다.

ⓐ로부터 ⓑ로의 변형은 중간 행을 3배한 것이다. ⓑ로 부터 ⓒ 로의 변형은 중간 행으로부터 오른쪽 행을 뺄 수 있는 데까지 뺀 것이다. ⓒ로부터 ⓓ로는 왼쪽 행을 3배 해서 얻어질 수 있고, ⓓ 로부터 ⓔ로는 왼쪽 행에서부터 오른쪽 행을 빼서 얻어진다. ⓔ로 부터 ⓕ는 왼쪽 행을 5배하고, ⓕ로부터 ⓖ에서는 왼쪽 행으로부

ⓐ
1	2	3
2	3	2
3	1	1
26	34	39

ⓑ
1	6	3
2	9	2
3	3	1
26	102	39

ⓒ
1	0	3
2	5	2
3	1	1
26	24	39

ⓓ
3	0	3
6	5	2
9	1	1
78	24	39

ⓔ
0	0	3
4	5	2
8	1	1
39	24	39

ⓕ
0	0	3
20	5	2
40	1	1
195	24	39

ⓖ
0	0	3
0	5	2
36	1	1
99	24	39

ⓗ
0	0	3
0	180	2
36	36	1
99	864	39

ⓘ
0	0	3
0	180	2
36	0	1
99	765	39

ⓙ
0	0	3
0	36	2
36	0	1
99	153	39

ⓚ
0	0	108
0	36	72
36	0	36
99	153	1404

ⓛ
0	0	108
0	36	72
36	0	0
99	153	1305

ⓜ
0	0	108
0	36	0
36	0	0
99	153	999

ⓝ
0	0	36
0	36	0
36	0	0
99	153	333

터 중간 행을 뺄 수 있는 데까지 빼서 얻는다. ⑧로부터 ⓗ는 중간 행을 36배해서 얻고 있으며, ⓗ로부터 ⓘ는 중간 행으로부터 왼쪽 행을 빼고 있다. ⓘ로부터 ⓙ는 중간 행을 5로 나누고 있다. ⓚ는 오른쪽 행을 36배 했고, ⓛ 및 ⓜ은 오른쪽 행으로부터 왼쪽 행이나 중간 행을 뺄 수 있는 데까지 빼서 얻는다. 마지막의 ⓝ은 오른쪽 행을 3으로 나누어서 얻고 있다.

이상으로부터 상품 벼는 $\frac{333}{36}=\frac{37}{4}$(말), 중품 벼는 $\frac{153}{36}=\frac{17}{4}$(말), 하품 벼는 $\frac{99}{36}=\frac{11}{4}$(말)로 얻어진다.

이 해법은 매우 훌륭한 방법으로, 현재의 컴퓨터에 계산을 하게 할 때 사용되는 「쓸어내기 방법」이라고 불리는 것과 같다(위의 역문이나 해설은 「과학의 명저 2 『중국의 천문학·수학집』 아사히 출판사」를 참조했다).

4. 행렬식의 역사

유럽에서 행렬식(行列式)의 생각을 도입한 것은 라이프니츠(G.W.

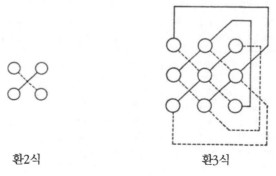

환2식　　　　　　　　환3식

〈그림 2-13〉

Leibniz)인데, 일본의 세키(關孝和)는 그보다 10년 전에 행렬식에 대해서 설명하고 있다. 더구나 행렬식의 전개 공식은 현재 **사라스**(Sarrus)**의 방법**이라고 불리고 있는데, 세키는 사라스보다도 백여 년 전에 이미 이 전개 공식을 설명하고 있다.

〈그림 2-13〉은 2차와 3차행렬식의 전개 방법을 설명한 것으로 실선은 플러스, 점선은 마이너스를 나타내고 있다. 부호가 반대인 것처럼 생각할지 모르나 유럽의 것과 세로와 가로가 반대로 되어 있기 때문에 이와 같이 일이 일어난다. 이 그림을 90° 시계의 역방향으로 회전시켜 보면, 현재의 행렬식 스타일이 된다.

제3장

2차방정식을
푼다

(1) 2차방정식의 해법

1. 차수를 내린다

미지수 x를 포함하는 2차방정식이란 일반적으로 말하면

$$ax^2 + bx + c = 0 \quad (a \neq 0)$$

라는 형태를 하고 있다.

먼저, 좌변이 1차식의 곱으로 인수분해가 되는 형태의 것을 다룬다.

$$x^2 - 5x - 6 = 0$$

는 곱해서 -6, 더해서 -5가 되는 두 수를 구하면 +1과 -6이므로

$$(x+1)(x-6) = 0$$

으로 인수분해가 된다. 두 식을 곱해서 0이 된다는 것은, 둘 중의 어느 쪽의 식 이 0이 된다는 것이므로

$$x + 1 = 0 \text{ 또는 } x - 6 = 0$$

이 된다. 따라서

$$x = -1 \text{ 또는 } x = 6$$

이 되는데, $x = -1$을 본래의 방정식에 대입해도 성립하고, $x = 6$을 대입해도 성립하기 때문에

-1 과 6 모두 방정식의 해가 된다.

[답] $x = -1, 6$

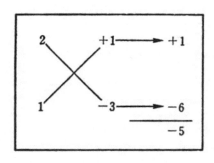

〈그림 3-1〉

또 하나의 문제

$$2x^2 - 5x - 3 = 0$$

을 풀어보기로 하자. 약간 인수분해가 어려워지겠지만, 〈그림 3-1〉과 같은 X자 선을 사용해서

$$(2x+1)(x-3) = 0$$

으로 인수분해 된다. 그러면

$$2x + 1 = 0 \text{ 또는 } x - 3 = 0$$

이 되므로

$$x = -\frac{1}{2} \text{ 또는 } x = 3$$

으로 된다. 이것들은 모두 본래의 방정식에 대입해 보면, 식을 만족하므로 모두 해가 된다.

[답] $x = -\frac{1}{2}, 3$

2차식=0이라는 형태의 2차방정식의 좌변이, 두 개의 1차방정식의 곱으로 인수분해가 되었다고 하면

$$1차식 \times 1차식 = 0$$

이므로

$$1차식 = 0 \ \text{또는} \ 1차식 = 0$$

으로 되어, 두 개의 1차방정식을 푸는 것에 귀착된다.

2차방정식
$$2차식 = 0$$
을 인수분해해서
$$1차식 \times 1차식 = 0$$
으로 할 수 있으면
　두 개의 1차방정식을 푸는 것으로 귀착될 수 있다.

---

2. x항이 하나인 경우

2차방정식

$$x^2 - 4x + 3 = 1$$

을 푸는 데는, 좌변을 인수분해해서

$$(x-1)(x-3) = 1$$

로 만들더라도 해는 얻을 수가 없다. 앞에서는 우변이 0이었기 때문에, 차수(次數)를 내려서, 1차식 = 0으로 할 수 있었기 때문이다. 우변이 상수 1로 되어 있을 때는 1을 이항하여

$$x^2 - 4x + 2 = 0$$

을 얻는데, 좌변이 인수분해가 잘 안된다. 이러한 경우에는 x항을 하나가 되도록 변형시킨다. 즉

$$(x^2 - 4x + 4) - 2 = 0$$

으로 한 다음

$$(x - 2)^2 - 2 = 0$$

으로 해 보면, x가 나오는 x항이 분명히 하나가 된다. 그러므로

$$(x - 2)^2 = 2$$

로 변형할 수 있으므로

$$x - 2 = \pm \sqrt{2}$$

로 할 수가 있다. 즉

$$x = 2 \pm \sqrt{2}$$

라는 해가 얻어진다.

또 하나, 예를 들어보기로 하자.

$$3x^2 - 5x + 7 = 0$$

양변을 12배하면

$$36x^2 - 60x - 84 = 0$$

이 되므로

$$(6x)^2 - 2 \times 5 \times 6x + 25 - 25 - 84 = 0$$

으로 변형된다. 따라서

$$(6x - 5)^2 = 109$$
$$6x - 5 = \pm \sqrt{109}$$

그러므로

$$x = \frac{5 \pm \sqrt{109}}{6}$$

---

x에 대한

2차식 $= 0$

을

$(1차식)^2 = 상수$

로 변형한다.

이라는 답이 얻어진다.

위의 변형에서 12배를 하는 것이 묘수인데, x의 계수가 짝수가 되도록, 더구나 x^2의 계수가 제곱수가 되도록 생각한 것이다.

3. 2차방정식의 근의 공식

2차방정식

$$ax^2 + bx + c = 0 \quad (a \neq 0)$$

을 풀어보기로 하자. 양변에 $4a$를 곱하면

$$4a^2x^2 + 4abx + 4ac = 0$$

이 되므로

$$(2ax)^2 + 2 \times b \times 2ax + b^2 - b^2 + 4ac = 0$$

이 되어

$$(2ax + b)^2 = b^2 - 4ac$$

로 변형된다. 따라서

$$2ax + b = \pm \sqrt{b^2 - 4ac}$$

로 되므로, 공식

$$x = \frac{-b \pm \sqrt{b^2 - 4ac}}{2a}$$

가 얻어진다. 특히 $\sqrt{}$ 의 내용 $b^2 - 4ac$를 **판별식**(discriminant)라고 하여 D로써 나타낸다.

일단 이 공식을 외워 버리면, 어떤 2차방정식이 나오더라도 a, b, c 대신에 구체적인 수치를 대입해서 계산할 수가 있다. 이를테면

$$3x^2 - 5x - 7 = 0$$

을 풀어보기로 하자.

$$a = 3 \quad b = -5 \quad c = -7$$

이므로

$$x = \frac{-(-5) \pm \sqrt{(-5)^2 - 4 \times 3 \times (-7)}}{2 \times 3}$$

으로 된다. $\sqrt{}$ 의 내용 D는

$$D = 25 + 84 = 109$$

가 되므로

$$x = \frac{5 \pm \sqrt{109}}{6}$$

이라는 답이 얻어진다.

또 한 문제

$$3x^2 - 5x + 7 = 0$$

을 풀어보자.

$$x = \frac{-(-5) \pm \sqrt{(-5)^2 - 4 \times 3 \times 7}}{2 \times 3}$$

이 되는데, $\sqrt{}$ 의 내용 D는

$$D = 25 - 84 = -59$$

로 마이너스가 되는데, 상관없이

$$x = \frac{5 \pm \sqrt{-59}}{6}$$

을 답으로 한다.

$\sqrt{}$ 중 D가 마이너스가 되는 수는 **허수**(虛數)라고 불린다. 특히 제일 간단한 허수(허수단위)

$$\sqrt{-1} \text{을 } i \text{로 쓰는}$$

것으로 한다. 그러면

$$\sqrt{-59} = \sqrt{59}\,i$$

로 쓸 수도 있기 때문에, 위의 답은

$$x = \frac{5 \pm \sqrt{59}\,i}{6}$$

으로도 나타내어진다.

> 허수의 영어는 imaginary number로, 상상수(想像數)라는 뜻이다. 허수단위 i는 이것의 머릿글자를 딴 것이다.

a, b, c가 실수인 2차방정식

$$ax^2 + bx + c = 0 \quad (a \neq 0)$$

이 실근(實數解)을 갖는 것은

$$D = b^2 - 4ac \geqq 0$$

인 경우이고

$$D = b^2 - 4ac > 0$$

인 경우는 서로 다른 두 개의 실근을 갖는다. 또

$$D = b^2 - 4ac < 0$$

인 때는, 허근(虛數解)을 갖는다.

실수와 허수를 합한 수를 **복소수(複素數)**라 하고, 일반적인 복소수는 a와 b를 실수로 했을 때

$$a + bi$$

로 쓸 수가 있다. 특히 $b = 0$인 때가 실수이고, $b \neq 0$인 때는 허수를 나타내고 있는 것이다.

(2) 2차방정식과 그래프

1. $y = ax^2$의 그래프

y가 x의 2차식으로서 나타내어지는 함수

$$y = ax^2 + bx + c \quad (a \neq 0)$$

는 2차함수라 불린다. 그중에서 가장 간단한 경우

$$y = ax^2 \quad (a \neq 0)$$

의 그래프로부터 생각해 보기로 하자.

이 그래프는 y축에 관해서 좌우 대칭이라는 것을 알 수 있다. 이를테면 x가 2일 때도, -2일 때도 모두 y의 값은 $4a$로서 같다. 일반적으로 x에 부호만이 다른 값을 대입해도, 언제든지 y의 값은 같아진다는 것으로부터 이 그래프는 y축에 관해서 좌우 대칭이라는 것을 알 수 있다(**그림 3-2**).

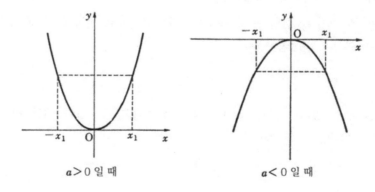

$a > 0$ 일 때 $a < 0$ 일 때

〈그림 3-2〉

〈그림 3-3〉

　$a>0$일 때, 항상 $y=ax^2 \geqq 0$이므로, 이 그래프는 x축 위에 있고, $x=0$일 때 원점을 통과하며 그 점에서 최소로 되어 있다.

　$a<0$일 때, 항상 $y=ax^2 \leqq 0$이므로, 이 그래프는 x축 아래에 있고, $x=0$일 때 원점을 통과하며 그 점에서 최대로 되어 있다.

　$a>0$인 때, 그래프는 골짜기형이고, $a<0$인 때의 그래프는 산형이다. 더구나 a의 절대값 $|a|$가 클수록 뾰족해지고, 작을수록 납작해진다.

2. 일반적인 2차함수

일반적인 2차함수

$$y=ax^2+bx+c \quad (a\neq 0) \quad \cdots\cdots\cdots\cdots\cdots\cdots ①$$

의 우변에는 x의 항이 두 개나 되므로 x의 변화에 따른 y의 변

화를 알기가 어렵다. 따라서 x항이 하나가 되도록

$$y = a(x-p)^2 + q \ (a \neq 0) \ \cdots\cdots\cdots\cdots\cdots ②$$

라는 형태로 변형한다. 이 표현형식을 **표준형**이라고 한다. ①을 변형시킨 경우

$$p = -\frac{b}{2a} \qquad q = -\frac{b^2-4ac}{4a}$$

로 되어 있다.

2차함수 $y = a(x-p)^2 + q$의 그래프는

$$y = ax^2$$의 그래프를

x축의 양의 방향으로 p, y축의 양의 방향으로 q 만큼 평행 이동한 것이다.

$a > 0$일 때, 그래프는 골짜기형이고, 직선 $x = p$에 관해서 좌우 대칭이며, 점 (p, q)가 골짜기의 바닥으로 되어 있다.

$a < 0$일 때, 그래프는 산형이고, 직선 $x = p$에 관해서 좌우 대칭이며, 점 (p, q)가 산봉우리로 되어 있다.

$$y = ax^2 + bx + c \ \ (a \neq 0)$$

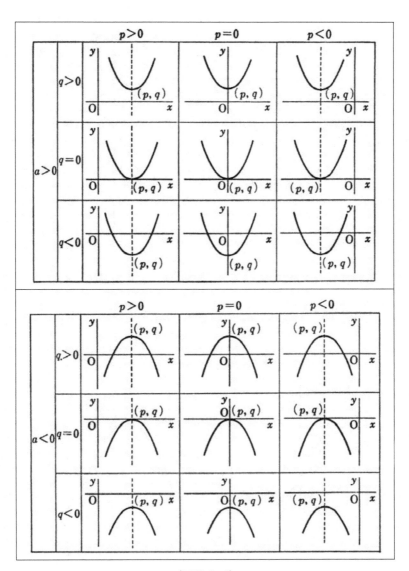

〈그림 3-4〉

$b > 0$일 때

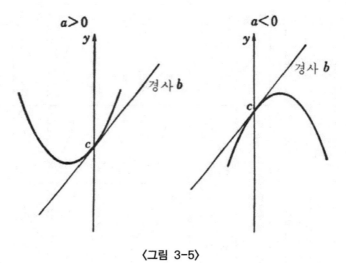

〈그림 3-5〉

$b < 0$일 때

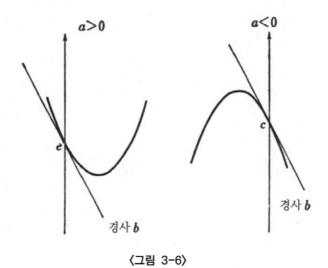

〈그림 3-6〉

의 그래프에 있어서 계수 a, b, c의 의미를 조사해 보자.

　　$a > 0$일 때, 그래프는 골짜기형

　　$a < 0$일 때, 그래프는 산형

　　$|a|$가 커질수록 그래프는 뾰족해지고, 작을수록 납작해진다.

　　b는 이 그래프와 y축과의 교점 $(0,\ c)$에 있어서의 접선의 기울기를 나타내고 있다.

　c는 이 그래프와 y축과의 교점 $(0,\ c)$를 나타내고 있다.

　$c > 0$인 때, 그래프는 y축의 플러스 부분에서 교차하고, $c = 0$일 때, 원점에서 교차하고, $c < 0$일 때 그래프는 y축의 마이너스 부분에서 교차하고 있다.

3. 2차방정식의 풀이와 그래프

2차함수

$$y = ax^2 + bx + c \quad (a \neq 0) \quad \cdots\cdots\cdots\cdots\cdots ①$$

의 표준형은

$$y = a\left(x + \frac{b}{2a}\right)^2 - \frac{D}{4a} \qquad (단, \ D = b^2 - 4ac)$$

로서 나타낼 수 있었다.

　①의 그래프가 x축과 교차하는 것은

$$a > 0일 \ 때, \ -\frac{D}{4a} < 0 \quad (그러므로, \ D > 0)$$

$$a < 0 일 \ 때, \ -\frac{D}{4a} > 0 \quad (그러므로, \ D > 0)$$

이므로 a의 부호에 관계없이 $D > 0$일 때, 그래프는 x축과 교차하고 있다.

2차방정식

$$ax^2 + bx + c = 0 \quad (a \neq 0) \quad \cdots\cdots\cdots\cdots\cdots ②$$

가 두 개의 서로 다른 실근을 갖는 것은, $D > 0$일 때이므로

　　2차함수 ①이 x축과 두 점에서 만난다.
　　⇔ 2차방정식 ②가 서로 다른 두 실근을 갖는다.

로 정리된다.

$D = 0$일 때, 2차함수 ①의 그래프는 x축에 접해 있다. 이때 2차방정식 ②는 하나만의 실근(중근)을 갖고 있다.

　　2차함수 ①이 x축에 접한다.
　　⇔ 2차방정식 ②가 중근을 갖는다.

①의 그래프가 x축과 교차하지 않는 것은

$$a > 0 일 \ 때, \ -\frac{D}{4a} > 0 \quad (그러므로, \ D < 0)$$

$$a < 0 일 \ 때, \ -\frac{D}{4a} < 0 \quad (그러므로, \ D < 0)$$

일 때이므로 a의 부호에 관계없이 $D < 0$일 때 그래프는 x축과 만나지 않으며, 이때 2차방정식 ②는 허근을 갖고 있다.

2차함수 ①이 x축과 만나지 않는다.
⇔ 2차방정식 ②가 허근을 갖는다.

(3) 2차방정식의 이론

1. 근의 판별

계수가 실수인 2차방정식

$$ax^2 + bx + c = 0 \quad (a \neq 0) \quad \cdots\cdots\cdots\cdots\cdots ①$$

의 풀이는 판별식 $D = b^2 - 4ac$의 부호로서 실수인지 허수인지가 판별된다.

$D > 0$일 때, 서로 다른 두 개의 실근

$D = 0$일 때, 중근

$D \geqq 0$일 때, 실근

$D < 0$일 때, 허근

	$D > 0$	$D = 0$	$D < 0$
$a > 0$			

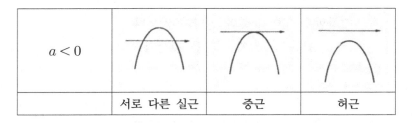

$a < 0$			
	서로 다른 실근	중근	허근

　여기서는 중근을 가질 때, 즉 $D=0$일 때를 생각해 보자.

$$D = b^2 - 4ac = 0$$

일 때, 방정식 ①의 좌변을 인수분해하면

$$ax^2 + bx + c = a\left(x + \frac{2}{2a}\right)^2$$

이 된다. 즉 1차식의 제곱의 형태로 변형되는 것이다. 이것을 **완전제곱식**이라고 한다.

$$D = b^2 - 4ac = 0, \ a \neq 0$$

$$\Leftrightarrow \quad ax^2 + bx + c \qquad \text{완전제곱식}$$

　예를 들어

$$(k+3)x^2 - 4kx + (2k-1)$$

이 x에 대해 완전제곱식이 되게 하려면 k의 값을 어떻게 정하면 될까?

　먼저 $k+3 \neq 0$이면 안 된다. 또한 $D=0$이면 안되므로

$$D = 16k^2 - 4(k+3)(2k-1) = 0$$

이 성립한다. 이것을 풀어서

$$2k^2 - 5k + 3 = 0$$
$$k = 1, \frac{3}{2}$$

$k = 1$일 때, $(2x+1)^2$

$k = \dfrac{3}{2}$일 때, $\dfrac{1}{2}(3x-2)^2$

가 되므로, 확실히 문제의 뜻에 들어맞는다.

[답] $k = 1, \dfrac{2}{3}$

2. 인수분해

2차방정식

$$ax^2 + bx + c = 0 \quad (a \neq 0)$$

의 두 개의 풀이를 α, β라고 하면

$$ax^2 + bx + c = a(x-\alpha)(x-\beta)$$

로 인수분해된다. 근의 공식에 의해 α, β는

$$\frac{-b \pm \sqrt{D}}{2a} \qquad (D = b^2 - 4ac)$$

가 된다. 그런데 a, b, c가 정수일 때, 정수의 범위에서 인수분해

가 가능하다고 하면

$$D = b^2 - 4ac는 제곱수$$

이어야 한다.

정수계수의 2차식 $ax^2 + bx + c$가 정수계수의 범위 내에서 인수분해를 할 수 있다.

$\Leftrightarrow$ $D = b^2 - 4ac$는 제 곱수

이와 같은 생각을 이용해서 2원 2차식

$$ax^2 + bxy + cy^2 + dx + ey + f$$

가 인수분해가 되는 것은 어떤 경우인가를 생각해 보자. $a \neq 0$일 때, 식을 x의 내림차순으로 정돈해 본다.

$$ax^2 + (by + d)x + cy^2 + ey + f$$

이것을 근의 공식을 사용해서 인수분해를 해 보면

$$a\left(x - \frac{-(by+d) + \sqrt{D}}{2a}\right)\left(x - \frac{-(by+d) - \sqrt{d}}{2a}\right)$$

$$D = (by+d)^2 - 4a(cy^2 + ey + f)$$

가 된다. 이 $\sqrt{\ }$를 없애기 위해서는 D 안의 y^2의 계수는 플러스이고, D가 y에 대한 완전제곱식이어야 한다. 즉 $b^2 - 4ac > 0$에서

$$D = (b^2 - 4ac)y^2 + 2(bd - 2ae)y + d^2 - 4af$$

가 y에 대한 완전제곱식이라는 것이다. 그것은 앞 절에서 말했듯이, 이 판별식이 0인 때이다. 예를 들어 설명하겠다.

$$2x^2 - 5xy + 2ay^2 - 5x + ay - 3$$

이 1차식의 곱한 값으로 인수분해가 될 수 있도록 a의 값을 결정하여 보자.

먼저 x의 내림차순으로 정돈한다.

$$2x^2 - 5(y+1)x + 2ay^2 + ay - 3$$

이것이 1차식의 곱으로 인수분해가 되도록 하기 위해서는, 판별식

$$D = 25(y+1)^2 - 8(2ay^2 + ay - 3)$$
$$= (25 - 16a)y^2 + 2(25 - 4a)y + 49$$

의 y^2의 계수가 플러스, 즉

$$25 - 16a > 0$$

으로, D가 y에 대한 완전제곱식이어야 한다. 그러기 위해서는 y에 대한 2차식의 판별식이 0으로 되는 것이었다.

$$4(25 - 4a)^2 - 4 \times 49(25 - 16a) = 0$$

이 방정식을 풀면

$$2a^2 + 73a - 75 = 0$$
$$a = 1, \ -\frac{75}{2}$$

가 얻어진다.

$a = 1$인 때

$$2x^2 - 5xy + 2y^2 - 5x + y - 3$$
$$= (2x - y + 1)(x - 2y - 3)$$

으로 인수분해되고

$a = -\dfrac{75}{2}$인 때

$$2x^2 - 5xy - 75y^2 - 5x - \dfrac{75}{2}y - 3$$
$$= \dfrac{1}{2}(2x + 10y + 1)(2x - 15y - 6)$$

으로 인수분해된다.

[답] $a = 1, \ -\dfrac{75}{2}$

3. 근과 계수와의 관계

2차방정식

$$ax^2 + bx + c = 0 \quad (a \neq 0)$$

의 두 근을 α, β라고 하면

$$ax^2 + bx + c = a(x - \alpha)(x - \beta)$$

가 된다. 우변을 전개하면

$$ax^2 - a(\alpha + \beta)x + a\alpha\beta$$

가 되므로, 좌변과 계수를 비교해서

$$b = -a(\alpha + \beta) \qquad c = a\alpha\beta$$

가 얻어진다. 따라서

$$\alpha + \beta = -\frac{b}{a} \qquad \alpha\beta = \frac{c}{a}$$

가 된다. 거꾸로

$$\alpha + \beta = p \qquad \alpha\beta = q$$

일 때, α, β를 두 개의 근으로 하는 2차방정식을 만들어 보자. α, β를 두 개의 근으로 하는 2차방정식은

$$(x - \alpha)(x - \beta) = 0$$

인데, 이 좌변을 전개하면

$$x^2 - (\alpha + \beta)x + \alpha\beta = 0$$

이 되므로

$$x^2 - px + q = 0$$

이 얻어진다.

2차방정식
$$ax^2 + bx + c = 0$$
의 두 개의 근을 α, β라 하면
$$\alpha + \beta = -\frac{b}{a} \qquad \alpha\beta = \frac{c}{a}$$

$$\alpha + \beta = p \qquad \alpha\beta = q$$
일 때, α, β를 두 개의 근으로 하는 2차방정식은
$$x^2 - px + q = 0$$

2차방정식

$$f(x) = ax^2 + bx + c = 0$$

의 두 개의 근 α, β의 부호에 대해 정리해 두겠다.

두 근이 모두 양일 조건은

$$D \geqq 0 \qquad\qquad \alpha + \beta > 0 \qquad\qquad \alpha\beta > 0$$

두 근이 모두 음일 조건은

$$D \geqq 0 \qquad\qquad \alpha + \beta < 0 \qquad\qquad \alpha\beta > 0$$

두 근이 같은 부호가 될 조건은

$$D \geqq 0 \qquad\qquad \alpha\beta > 0$$

두 근이 다른 부호가 될 조건은

$$\alpha\beta < 0$$

이 된다. 마지막의 경우 실수조건 $D \geqq 0$이 불필요한 것은 $\alpha\beta < 0$으로부터 $D > 0$이 증명되기 때문이다. 왜냐하면 $\alpha\beta < 0$으로부터

$$\alpha\beta = \frac{c}{a} < 0, \ \ \text{즉} \ \ ac < 0$$

이고 $-4ac > 0$이므로

$$D = b^2 - 4ac > b^2 \geqq 0$$

이 되기 때문이다.

위의 증명으로부터

$$\alpha\beta \text{의 부호와 } af(0) = ac \text{의 부호는 일치}$$

한다는 것을 알 수 있다. 이것을 사용해서 일반화한 성질을 설명해 두겠다.

2차방정식
$$f(x) = ax^2 bx + c = 0$$
의 두 근을 α, β라 할 때
두 근이 모두 k보다 클 조건은
$$D \geqq 0 \qquad \alpha + \beta > 2k \qquad af(k) > 0$$
두 근이 모두 k보다 작을 조건은
$$D \geqq 0 \qquad \alpha + \beta < 2k \qquad af(k) > 0$$
한 근은 k보다 크고, 다른 한 근은 k보다 작을 조건은
$$af(k) < 0$$

$af(k)$의 부호에 대해서만 설명해 두겠다.

$$f(x) = a(x - \alpha)(x - \beta)$$

로 인수분해가 되므로

$$f(k) = a(k - \alpha)(k - \beta)$$

이다. α, β가 모두 k보다 크면

$$(k-\alpha)(k-\beta) > 0$$

이므로, 이것에 a^2를 곱하면

$$af(k) = a^2(k-\alpha)(k-\beta) > 0$$

인 것을 알 수 있다.

⑷ 2원 2차연립방정식

1. 하나가 1차방정식인 경우
연립방정식

$$\begin{cases} lx + my + n = 0 \quad \cdots\cdots\cdots\cdots\cdots\cdots \quad ① \\ ax^2 + bxy + cy^2 + dx + ey + f = 0 \quad \cdots ② \end{cases}$$

이라는 형태의 것부터 생각해 보자. ①은 2원 1차방정식의 일반
형이고, ②는 2원 2차방정식의 가장 일반적인 형태이다. 이것을
푸는 데는 ①로부터 $y = \cdots\cdots$(또는 $x = \cdots\cdots$)로 변형하고, 이것을
②식에 대입하면 ②식은 x만의(또는 y만의) 2차방정식이 된다. 예
를 들어 보겠다.

$$\begin{cases} 2x - y = 5 \quad \cdots\cdots\cdots\cdots\cdots\cdots\cdots\cdots \quad ① \\ x^2 - 2xy + y^2 + x + 3y + 3 = 0 \quad \cdots\cdots ② \end{cases}$$

①로부터

$$y = 2x - 5$$

이것을 ②에 대입하면

$$x^2 - 2x(2x-5) + (2x-5)^2 + x + 3(2x-5) + 3 = 0$$

정리하면

$$x^2 - 3x + 13 = 0$$

이 되므로, 이것을 풀어서

$$x = \frac{3 \pm \sqrt{43}\,i}{2}$$

$$y = -2 \pm \sqrt{43}\,i$$

라는 근이 얻어진다.

2. 두 개가 2원 2차인 연립방정식

한쪽이 1차방정식인 경우는, 대입법에 의해서 문자 하나가 소거되고, 나머지 문자의 2차방정식이 되므로 이야기가 간단하다. 따라서 어려운 것은 양쪽이 2원 2차방정식으로 되어 있는 경우이다. 일반적으로는

$$\begin{cases} ax^2 + bxy + cy^2 + dx + ey + f = 0 & \cdots\cdots\cdots\cdots ① \\ lx^2 + mxy + ny^2 + px + qy + r = 0 & \cdots\cdots\cdots\cdots ② \end{cases}$$

라는 형태를 하고 있는데, 이것의 일반적인 풀이는 어렵기 때문에, 구체적인 예를 들어 생각해 보기로 하자.

(A) 2차항 소거법

가감법을 사용하면 2차항이 한꺼번에 소거되어 버리고. 1차방정

식이 얻어지는 것과 같은 편리한 경우이다.

$$\begin{cases} x^2 + xy + 2y^2 + x + 2y = 0 \quad \cdots\cdots\cdots\cdots \text{①} \\ x^2 + xy + 2y^2 - x + y - 1 = 0 \quad \cdots\cdots\cdots \text{②} \end{cases}$$

①－②로부터

$$2x + y + 1 = 0$$
$$y = -2x - 1$$

이것을 ①에 대입해서

$$x^2 + x(-2x-1) + 2(-2x-1)^2 + x + 2(-2x-1) = 0$$

이것을 정돈하면

$$7x^2 + 4x = 0$$

그러므로 $x = 0, \ -\dfrac{4}{7}$

각각의 x의 값에 대해 $y = -1, \ \dfrac{1}{7}$이 얻어지므로 해는 두 쌍이다.

$$[\text{답}] \quad \begin{cases} x = 0 \\ y = -1 \end{cases} \begin{cases} x = -\dfrac{4}{7} \\ y = \dfrac{1}{7} \end{cases}$$

(B) 1문자 소거법

우연히도 문자 하나가 전부 없어져 버릴 때가 있다.

$$\begin{cases} 2x^2 + 2xy + 2y^2 - 2x + y - 2 = 0 \cdots\cdots\cdots ① \\ x^2 + 2xy + 2y^2 + x + y - 4 = 0 \cdots\cdots\cdots ② \end{cases}$$

①−②를 계산하면, y항이 모두 없어져 버린다.

$$x^2 - 3x + 2 = 0$$
$$(x-1)(x-2) = 0$$
$$x = 1, \, 2$$

• $x = 1$일 때, ①에 대입해서

$$2y^2 + 3y - 2 = 0$$

$$(2y-1)(y+2) = 0$$

$$y = \frac{1}{2}, \, -2$$

• $x = 2$일 때, ①에 대입해서

$$2y^2 + 5y + 2 = 0$$

$$(2y+1)(y+2) = 0$$

$$y = -\frac{1}{2}, -2$$

이상을 정리하면 4쌍의 근을 얻는다.

[답] $\begin{cases} x = 1 \\ y = \dfrac{1}{2} \end{cases}$ $\begin{cases} x = 1 \\ y = -2 \end{cases}$ $\begin{cases} x = 2 \\ y = -\dfrac{1}{2} \end{cases}$ $\begin{cases} x = 2 \\ y = -2 \end{cases}$

(C) 치환법

어떤 식을 X나 Y로 둠으로써 풀기 쉬운 X, Y의 연립방정식이 만들어지는 경우이다.

$$\begin{cases} (x+2y)^2 + (2x-y)^2 = 5 \cdots\cdots\cdots\cdots ① \\ (x+2y)^2 - (2x-y) = 3 \cdots\cdots\cdots\cdots ② \end{cases}$$

라는 연립방정식을 생각한다.

$$X = x + 2y \qquad Y = 2x - y$$

로 두면

$$\begin{cases} X^2 + Y^2 = 5 \cdots\cdots\cdots\cdots ①' \\ X^2 - Y = 3 \cdots\cdots\cdots\cdots ②' \end{cases}$$

①$'$ － ②$'$ 로부터

$$Y^2 + Y = 2$$
$$(Y+2)(Y-1) = 0$$
$$Y = -2,\ 1$$

- $Y = -2$일 때, $X = \pm 1$

$$\begin{cases} x + 2y = \pm 1 \\ 2x - y = -2 \end{cases}$$

이것을 풀면

$$\begin{cases} x = -\dfrac{3}{5} \\ y = \dfrac{4}{5} \end{cases} \quad \begin{cases} x = -1 \\ y = 0 \end{cases}$$

- $Y = 1$일 때, $X = \pm 2$

$$\begin{cases} x + 2y = \pm 2 \\ 2x - y = 1 \end{cases}$$

이것을 풀면

$$\begin{cases} x = \dfrac{4}{5} \\ y = \dfrac{3}{5} \end{cases} \quad \begin{cases} x = 0 \\ y = -1 \end{cases}$$

이것들을 정리하면

[답] $\begin{cases} x = -\dfrac{3}{5} \\ y = \dfrac{4}{5} \end{cases} \begin{cases} x = -1 \\ y = 0 \end{cases} \begin{cases} x = \dfrac{4}{5} \\ y = \dfrac{3}{5} \end{cases} \begin{cases} x = 0 \\ y = -1 \end{cases}$

(D) 인수분해 ①

두 개의 식 중에서 한쪽 좌변이 1차식의 곱으로 인수분해가 되어, 결국 두 개의 1차방정식으로 귀착되는 경우이다.

$$\begin{cases} x^2 - 3xy + 2y^2 = 0 & \cdots\cdots\cdots\cdots\cdots\cdots\cdots\cdots\cdots ① \\ x^2 - 2xy + 3y^2 + 6x - 5y - 6 = 0 & \cdots\cdots\cdots ② \end{cases}$$

①로부터

$$(x-y)(x-2y) = 0$$

그러므로, $x = y$ 또는 $x = 2y$

• $x = y$일 때

이것을 ②에 대입해서

$$2y^2 + y - 6 = 0$$
$$(2y-3)(y+2) = 0$$

$y = \dfrac{3}{2}$일 때, $x = \dfrac{3}{2}$

$y = -2$일 때, $x = -2$

• $x = 2y$일 때

이것을 ②에 대입해서

$$3y^2 + 7y - 6 = 0$$
$$(3y-2)(y+3) = 0$$

$y = \dfrac{2}{3}$일 때, $x = \dfrac{4}{3}$

$y=-3$일 때, $x=-6$

[답] $\begin{cases} x=\dfrac{3}{2} \\ y=\dfrac{3}{2} \end{cases}$ $\begin{cases} x=-2 \\ y=-2 \end{cases}$ $\begin{cases} x=\dfrac{4}{3} \\ y=\dfrac{2}{3} \end{cases}$ $\begin{cases} x=-6 \\ y=-3 \end{cases}$

(E) 인수분해②

①식을 몇 배한 식과 ②식을 몇 배한 식을 합한 식이, 인수분해=0
이 되는 경우이다. 예를 들어보자.

$$\begin{cases} x^2 - 3xy + 2y^2 = 2x \cdots\cdots\cdots ① \\ x^2 - 4xy + 6y^2 = 3x \cdots\cdots\cdots ② \end{cases}$$

①×3−②×2로부터 동차식(同次式)=0을 만든다.

$$x^2 - xy - 6y^2 = 0$$
$$(x+2y)(x-3y) = 0$$

$$x = -2y \text{ 또는 } x = 3y$$

• $x=-2y$일 때
이것을 ①에 대입해서

$$12y^2 = -4y$$
$$4y(3y+1) = 0$$
$$y = 0, \ -\frac{1}{3}$$

$y=0$인 때, $x=0$

> $ax^2 + bxy + cy^2$
> 를 x와 y에 대한 2
> 차의 **동차식**(同次式)이
> 라고 한다.

$$y = -\frac{1}{3}\text{인 때, } x = \frac{2}{3}$$

• $x = 3y$일 때

이것을 ①에 대입해서

$$2y^2 = 6y$$
$$2y(y-3) = 0$$
$$y = 0,\ 3$$

$y = 0$일 때, $x = 0$

$y = 3$일 때, $x = 9$

[답] $\begin{cases} x = 0 \\ y = 0 \end{cases}$ $\begin{cases} x = \dfrac{2}{3} \\ y = -\dfrac{1}{3} \end{cases}$ $\begin{cases} x = 9 \\ y = 3 \end{cases}$

지금까지의 2원 2차연립방정식의 풀이법을 정리하면, **간단하게 하는 것이다** 라고 한마디로 말할 수 있다.

2원 2차연립방정식의 풀이법

차수를 내리고 문자를 줄여서 간단하게 한다.

(A) 차수를 내린다.

　○ 2차항을 소거하여 1차방정식을 만든다.

　○ 2차식 등을 X나 Y로 두고, X나 Y에 대한 간단한 방정식을 만든다.

○ 인수분해=0으로 하고, 두 개의 1차방정식으로 귀착시킨다.
(B) 문자를 줄인다.
   ○ 대입법에 의해 하나의 문자를 소거한다.
   ○ 치환에 의해 문자를 줄인다.

3. 대칭형

양쪽 식이 x, y에 대해 대칭인 형태를 하고 있을 경우,

$$x+y=u \qquad xy=v$$

로 두고서, u와 v에 대한 연립방정식으로 고쳐서 푸는 경우이다.

$$\begin{cases} x^2+xy+y^2-6x-6y=0 & \cdots\cdots\cdots\cdots\cdots\cdots ① \\ 2x^2+3xy+2y^2-2x-2y-12=0 & \cdots\cdots\cdots ② \end{cases}$$

를 예로 들어 보기로 하자.

①, ②를 변형하면

$$(x+y)^2-6(x+y)-xy=0 \quad \cdots\cdots\cdots\cdots\cdots ①'$$
$$2(x+y)^2-2(x+y)-xy-12=0 \quad \cdots\cdots\cdots ②'$$

이 되므로, 확실히 x와 y에 대해 대칭형이다. 그래서

$$x+y=u \qquad xy=v$$

로 두면

$$\begin{cases} u^2-6u-v=0 & \cdots\cdots\cdots\cdots\cdots ① \\ 2u^2-2u-v-12=0 & \cdots\cdots\cdots ② \end{cases}$$

이 된다. 여기서 v를 소거하면

$$u^2 + 4u - 12 = 0$$
$$(u+6)(u-2) = 0$$
$$u = -6, \ 2$$

가 얻어진다.

• $u = -6$일 때, $v = 72$

$$\begin{cases} x+y = -6 \\ xy = 72 \end{cases}$$

이므로 x, y를 두 근으로 하는 2차방정식을 만들면(→108쪽)

$$t^2 + 6t + 72 = 0$$

이것을 풀면

$$t = -3 \pm 3\sqrt{7}\,i$$

가 얻어진다. 이것이 x, y이다.

• $u = 2$일 때, $v = -8$

$$\begin{cases} x+y = 2 \\ xy = -8 \end{cases}$$

로 되므로 이 x, y를 두 근으로 하는 2차방정식은

$$t^2 - 2t - 8 = 0$$

이 된다.

$$(t+2)(t-4) = 0$$
$$t = -2, \ 4$$

가 얻어지므로, 이것이 x, y이다. 이상을 정리하면

[답] $\begin{cases} x = -3 \pm 3\sqrt{7}\,i \\ y = -3 \mp 3\sqrt{7}\,i \end{cases}$ $\begin{cases} x = -2 \\ y = 4 \end{cases}$ $\begin{cases} x = 4 \\ y = -2 \end{cases}$
(복호는 같은 순)

(5) 2차의 부정방정식

1. 실근을 구하는 것

2원 2차의 부정방정식

$$(x-y-1)^2 + (x+2y-4)^2 = 0 \cdots\cdots\cdots\cdots ①$$

을 만족시키는 실수 x, y를 구해 보자. 실수를 제곱하면 항상 0 이상이 되는데, ①식과 같이 제곱의 합이 0이 된다고 하면, 양쪽이 0이 아니면 안 된다.

---

a와 b가 실수인 때
$$a^2 + b^2 \Leftrightarrow a = 0, \ b = 0$$

이것을 사용하면 ①로부터

$$\begin{cases} x - y - 1 = 0 \cdots\cdots\cdots\cdots ② \\ x + 2y - 4 = 0 \cdots\cdots\cdots\cdots ③ \end{cases}$$

이라는 두 개의 등식이 성립한다. 그 다음에는 연립방정식 ②, ③

을 풀면 되므로

$$\begin{cases} x = 2 \\ y = 1 \end{cases}$$

이 얻어진다.

이와 같이 실근을 구하는 것이라면, 외관상 식이 하나밖에 없는 듯이 보여도 연립방정식으로 되는 경우가 있다.

또 하나

---

a와 b가 실수일 때
$$a + bi = 0 \Leftrightarrow a = 0,\ b = 0$$

이라는 성질을 이용함으로써, 연립방정식이 만들어지는 것이 있다. 이를테면

$$xy - 3 + (x - y - 2)i = 0$$

의 실근을 구해보자.

$$\begin{cases} xy - 3 = 0 \\ x - y - 2 = 0 \end{cases}$$

이므로, 이 연립방정식을 풀어서

$$\begin{cases} x = 3 \\ y = 1 \end{cases} \quad \begin{cases} x = -1 \\ y = -3 \end{cases}$$

이 얻어진다.

2. 유리근을 구하는 것

실근인 경우와 같은 성질

> a와 b가 유리수이고, α가 무리수일 때
> $$a+b\alpha \Leftrightarrow a=0,\ b=0$$

을 이용하는 것이다. 이를테면

$$x^2 + \sqrt{2}\,x - (\sqrt{2}+1)y - 2 = 0$$

의 유리근을 구해 보기로 하자.

$$x^2 - y - 2 + \sqrt{2}\,(x-y) = 0$$

이 되고, x와 y는 유리수이므로

$$\begin{cases} x^2 - y - 2 = 0 \\ x - y = 0 \end{cases}$$

이 얻어진다. 이 연립방정식을 풀어서

$$\begin{cases} x = 2 \\ y = 2 \end{cases} \quad \begin{cases} x = -1 \\ y = -1 \end{cases}$$

을 얻는다.

3. 정근

즉, 디오판토스방정식이 되는 경우이다. 일반적인 2원 2차의 부정방정식은

$$ax^2 + bxy + cy^2 + dx + ey + f = 0 \cdots\cdots\cdots ①$$

으로 되지만, 여기서는 풀기 쉬운 경우만을 다루겠다.

A. 인수분해형

①식을 변형하면

$$1차식 \times 1차식 = 상수$$

가 되는 경우이다(2원 2차식을 인수분해하는 데는 ⑶의 2. 「인수분해」 항을 참조하기 바란다). 이를테면

$$(x-y-1)(x+y+3) = 5$$

의 정근을 구해 보자. 좌변의 각 인수는 5의 약수이어야 하므로

$$\begin{cases} x-y-1=\pm 1 \\ x+y+3=\pm 5 \end{cases} \begin{cases} x-y-1=\pm 5 \\ x+y+3=\pm 1 \end{cases}$$

의 네 가지 경우를 생각할 수 있다. 따라서

$$\begin{cases} x=2 \\ y=0 \end{cases} \begin{cases} x=-4 \\ y=-4 \end{cases} \begin{cases} x=2 \\ y=-4 \end{cases} \begin{cases} x=-4 \\ y=0 \end{cases}$$

이 얻어진다.

B. 유한형

x 또는 y의 범위를 구하면 유한(有限)으로 되어서, 그 유한의 범위 내에서 x 또는 y에 대해서 조사하면 되는 경우이다. 이를테면

$$x^2 + xy + y^2 - 2y - 7 = 0 \cdots\cdots\cdots ①$$

를 만족하는 정수해 x, y를 구해 보기로 하자.

x는 정수이므로

$$x^2 + yx + (y^2 - 2y - 7) = 0$$

의 판별식 D는 $D \geqq 0$이어야 한다.

$$D = y^2 - 4(y^2 - 2y - 7) \geqq 0$$
$$(3y - 14)(y + 2) \leqq 0$$

이므로

$$-2 \leqq y \leqq \frac{14}{3}$$

이것을 만족하는 정수 y는

$$y = -2, \ -1, \ 0, \ 1, \ 2, \ 3, \ 4$$

인데, ①에 대입했을 때 x도 정수로 되는 것은, y가 -2와 3인 때이다. 따라서

$$\begin{cases} x = 1 \\ y = -2 \end{cases} \begin{cases} x = 1 \\ y = 3 \end{cases} \begin{cases} x = -4 \\ y = 3 \end{cases}$$

이라는 답이 얻어진다.

(6) 2차방정식의 역사

1. 고대 이집트

1차방정식의 역사를 말할 때도 이야기했듯이 기원전 19세기경의 이집트에서 쓰여진 파피루스가 남겨져 있다. 그중에는 다음과 같은 2차방정식의 문제도 있다.

「두 개의 정사각형의 변의 비가 $1 : \dfrac{3}{4}$ 이고, 면적의 합이 100이 되게 하라」는 것이다.

먼저, 이 문제를 현대식으로 풀어보기로 하자. 두 개의 정사각형의 한 변을 각각 x, y로 한다. 그러면

$$\begin{cases} x : y = 1 : \dfrac{3}{4} & \text{............ ①} \\ x^2 + y^2 = 100 & \text{............ ②} \end{cases}$$

이라는 연립방정식이 성립한다. ①로부터

$$y = \dfrac{3}{4} x$$

이므로, 이것에 ②를 대입해서

$$x^2 + \dfrac{9}{16} x^2 = 100$$
$$25 x^2 = 1600$$

이므로, 이것을 풀어서

$$x = \pm 8 \qquad\qquad y = \pm 6$$

이 되는데, x, y는 플러스이므로

$$x = 8 \qquad\qquad y = 6$$

이라는 답이 얻어진다.

2차방정식이라고는 하지만, 그다지 어렵지는 않다. 고대 이집트인들은 이것을 어떻게 풀었을까? 이때도 가정법(假定法)이라고 불

리는 방법을 사용하고 있다.

먼저 $x = 1$로 가정한다.

그러면 $y = \dfrac{3}{4}$이므로, $x^2 + y^2 = 1 + \dfrac{9}{16} = \dfrac{25}{16} = \left(\dfrac{5}{4}\right)^2$로 밖에

안된다. 이것을 10^2로 하는 데는

$$10 \div \frac{5}{4} = 8$$

을 x, y에 곱해야 한다. 따라서

$$x = 1 \times 8 = 8 \qquad y = \frac{3}{4} \times 8 = 6$$

이라는 답이 얻어진다.

2. 고대 바빌로니아

고대 바빌로니아의 점토판에도, 고대 이집트의 파피루스와 거의 같은 시대의 많은 수학의 자료가 포함되어 있다.

「정사각형의 면적에 변의 3분의 2를 더하였더니 0;35가 되었다. 변의 길이는 얼마인가?」

이 세미콜론 ;은 60진법에서의 소수점의 기호로서 0;35는 $0 + \dfrac{35}{60}$

를 뜻하고 있다. 먼저 현대식으로 이 문제를 풀어보기로 하자.

정사각형의 한 변을 x라 하면

$$x^2 + \frac{2}{3}x = \frac{35}{60}$$

가 된다. 양변을 12배하면

$$12x^2 + 8x - 7 = 0$$
$$(2x - 1)(6x + 7) = 0$$

이므로

$$x = \frac{1}{2}, \ -\frac{7}{6}$$

그런데 $x > 0$이므로

$$x = \frac{1}{2}$$

이 답이 된다.

점토판에는 다음과 같은 해답이 나와있다.

계수의 3분의 2는 0;40이다.

그 절반 0;20에 0;20을 곱해서

그 결과의 0;6, 40을 0;35에 보탠다.

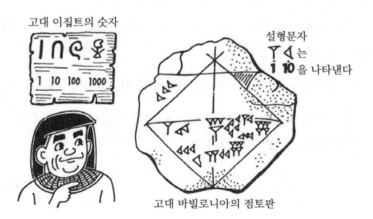

고대 이집트의 숫자

1 10 100 1000

설형문자 는 1 10 을 나타낸다

고대 바빌로니아의 점토판

그 답 0;41, 40의 제곱근은 0;50이다.

0;50으로부터 0;20을 뺀 0;30은 정사각형의 한 변이다.
이 해법의 설명을 하기 위해

$$x^2 + bx = c$$

로 둔다($b = 0;40$이고 $c = 0;35$).

$$\frac{b}{2} = 0;20$$
$$\left(\frac{b}{2}\right)^2 = 0;6, \ 40$$
$$\left(\frac{b}{2}\right)^2 + c = 0;41, \ 40$$
$$\sqrt{\left(\frac{b}{2}\right)^2 + c} = 0;50$$
$$x = \sqrt{\left(\frac{b}{2}\right)^2 + c} - \frac{b}{2} = 0;30$$

으로서 풀고 있다. 여기서 우리는 지금으로부터 4000년쯤 전의 고대 바빌로니아 사람들이, 2차방정식의 정확한 해법을 알고 있었던 것에 놀라지 않을 수가 없다.

그러나 이 예로서도 알 수 있듯이, 구체적인 수치에 의한 계산은 아무리 정확하게 계산되고 있었다고 하더라도 일반적인 계산 방법을 가리킬 수는 없다는 점이다. 미지수 x 뿐만 아니라, 상수에 대해서도 b나 c라는 문자를 사용함으로써, 계산의 메카니즘이 명료하게 제시된다는 것은 매우 중요한 일이다.

3. 그리스 말기

4세기경, 그리스 말기의 수학자 디오판토스는 약기식 대수를 사용해서 방정식을 기술하고 있다. 그러나 그는 마이너스의 수를 다루지 않았기 때문에 2차방정식을 세 가지 형식으로 나누어 연구하고 있다.

(1) $ax^2 + bx = c$의 꼴

(2) $ax^2 = bx + c$의 꼴

(3) $ax^2 + c = bx$의 꼴

다만, 이들 a, b, c에는 구체적인 플러스의 수가 주어진 문제가 다루어져 있다.

(1)은 고대 바빌로니아에서도 다루어지고 있었던 것이다. 이를테면

$$6x^2 + 3x = 7$$

이 유리수의 근을 갖지 않는다는 것을 다음과 같이 말하고 있다.

x의 계수 3의 절반 $\frac{3}{2}$의 제곱 $\frac{9}{4}$에 x^2의 계수 6과 상수 7을 곱한 값 42를 보탠 결과 $\frac{9}{4} + 42 = \frac{177}{4}$은 유리수의 제곱이 되지 않기 때문에, '이 방정식은 유리수의 근을 갖지 못한다'라고 말하고 있다.

즉 $\left(\frac{b}{2}\right)^2 + ac$가 제곱수로 되지 않는다는 것을 말하고 있는 셈이다. 이것은 고대 바빌로니아에서의 풀이와 마찬가지로

$$x = \frac{\sqrt{\left(\frac{b}{2}\right)^2 ac - \frac{b}{2}}}{a}$$

라는 풀이를 알고 있었다는 것을 가리키고 있다.

(2)에 대해서는, 이를테면

$$2x^2 = 6x + 18$$

을 푸는 문제가 나와있다.

x의 계수 6의 절반인 3의 제곱 9에, x^2의 계수 2와 상수 18을 곱한 값 36을 더하고, 그 값 45의 제곱근 $\sqrt{45}$를 취하고, 그 결과에 x의 계수의 절반 3을 더하여, 그 합 $\sqrt{45}+3$을 x^2의 계수 2로 나누어서,

근 $x = \dfrac{\sqrt{45}+3}{2}$이 얻어진다.

이것은

$$x = \frac{\sqrt{\left(\frac{b}{2}\right)^2 + ac} + \frac{b}{2}}{a}$$

로서 계산하고 있는 것이다.

(3)의 예도 들어 보자.

$$17x^2 + 17 = 72x$$

를 푸는 문제이다.

x의 계수 72의 절반인 36의 제곱 1296으로부터, x^2의 계수 17

과 상수, 17을 곱한 값 289를 뺀다. 그 답 1007의 제곱근 $\sqrt{1007}$을 구하고, 이것에 x의 계수의 절반 36을 더하고, 그 합 $\sqrt{1007}+36$을 x^2의 계수 17로 나누어서 근을 얻는다. 즉

$$x = \frac{\sqrt{1007}+36}{17}$$

이것도

$$x = \frac{\sqrt{\left(\frac{b}{2}\right)^2 - ac} + \frac{b}{2}}{a}$$

로서 계산하고 있는 것에 해당한다.

디오판토스는, 플러스의 근 밖에 구하고 있지 않으며, 플러스의 근이 두 가지가 있더라도, 그중의 하나밖에 구하고 있지 않다. 이를테면 (3)의 형식에서는 두 개의 근이 모두 플러스이므로

$$x = \frac{\pm \sqrt{\left(\frac{b}{2}\right)^2 - ac} + \frac{b}{2}}{a}$$

로 해야 할 것이다.

4. 고대의 중국

지금으로부터 2000년쯤 전의 중국의 수학책 『구장산술(九章算術)』에는 다음과 같은 2차방정식의 문제가 나와 있다.

「4변이 동서남북을 향한 정사각형의 성벽으로 둘러싸인 동네가 있다. 이 성벽의 각 변의 중앙에 문이 있다. 북문을 나서서 20보

<그림 3-8>

를 북으로 나아간 곳에 나무가 1그루 서 있다. 또 남문을 나서서 남으로 14보를 나아간 곳으로부터 직각으로 구부러져서 서쪽으로 1,775보를 가면, 비로소 이 나무가 보인다고 한다. 이 동네의 한 변의 길이는 얼마일까?」

성벽의 한 변의 길이를 x보라고 하면, 다음의 비례식이 성립한다.

$$\frac{20}{\dfrac{x}{2}} = \frac{x+34}{1775}$$

이것을 변형해서

$$x^2 + 34x = 71000 \quad \cdots\cdots\cdots\cdots \text{①}$$

이 얻어진다. 중국 사람들은 산판 위에 <**그림 3-9**>와 같이 산목을 배열했다.

〈그림 3-9〉

상(商)으로서 먼저 200을 세운다. 이것은 71000이 2002와 3002의 사이에 있다는 것으로부터 어림한 것이다. 이것을 현대식으로 표현하면

$$x = 200 + 7 \cdots\cdots\cdots\cdots ②$$

로 두는 것에 해당한다.

다음에는 상 200에 염(廉) 1을 곱한 수 200을 방(方)의 윗간에 적는다. 실(實) 71000으로부터 방(方)의 두 수 200과 34에 상 200을 곱한 수 40000과 6800을 빼면, 실은 24200이 된다. 계속해서 방의 윗간 200의 2배를 아랫간에 더하여, 방을 434로 한다. 이 계산은 ②를 ①에 대입해서

$$y^2 + 434y = 24200 \cdots\cdots\cdots\cdots ③$$

으로 변형했다는 것을 가리키고 있다.

다음에 새로운 상 50을 세운다. 그 뒤는 위와 마찬가지로 방의

윗간에 50을 적어 넣고, 방의 두 수의 50배를 실로부터 뺀다. 또 방의 윗간의 2배를 방의 아랫간에 더한다. 이것은

〈그림 3-10〉

200	상	200	상	250	상	250	상
71000	실	24200	실	24200	실	0	실
200	방		방	50	방		방
34		434		434		534	
1	염	1	염	1	염	1	염

$$y = 50 + z \cdots\cdots\cdots\cdots ④$$

로 두고, ④를 ③에 대입해서

$$z^2 + 534z = 0$$

으로 한 것에 해당한다. $z = 0$이므로, 상은 $200 + 50 = 250$이다.

이것을 일반적인 2차방정식

$$ax^2 + bx = c \cdots\cdots\cdots\cdots ①$$

로 생각해 보자.

먼저, 상 p를 세운다.

$$x = p + y$$

이것을 ①에 대입해서

$$a(p+y)^2 + b(p+y) = c$$

$$ay^2 + (b+2ap)y = c - ap^2 - bp$$

여기서

	상
c	실
	방
b	
a	염

p	상
c	실
ap	방
b	
a	염

p	상
$c - ap^2 - bp$	실
	방
$b + 2ap$	
a	염

p+q	상
$c' - aq^2 - b'q$	실
	방
$b' + 2aq$	
a	염

〈그림 3-11〉

$$b' = b + 2ap \qquad c' = c - ap^2 - bp$$

로 두면

$$ay^2 + b'y = c' \quad \cdots\cdots\cdots\cdots ②$$

다음에 새로운 상 q를 더한다.

$$y = q + z$$

이것을 ②에 대입해서 변형하면

$$az^2 + (b' + 2ap)z = c' - aq^2 - b'q$$

가 된다.

이하, 다음에도 이 조작을 몇 번이나 반복하면 된다.

이 해법의 특별한 경우로서

$$x^2 = c$$

가 있으므로, 이 방법으로 제곱근을 구할 수도 있는 것이다.

제4장

고차방정식을
푼다

(1) 3차방정식

1. 인수분해에 의한 해법

3차방정식

$$ax^3 + bx^2 + cx + d = 0 \cdots\cdots\cdots\cdots ①$$

의 좌변이 1차식×2차식의 형태로 인수분해가 되었다고 하면

$$1차식 = 0 \ 또는 \ 2차식 = 0$$

으로 되므로, 1차방정식 및 2차방정식을 풀면 되는 셈이다.

　계수 a, b, c가 모두 정수인 3차방정식 ①을 생각한다. 이 좌변이 계수가 모두 정수인 1차식과 2차식을 곱한 값으로 인수분해가 되었다고 하자.

$$ax^3 + bx^2 + cx + d = (px + q)(lx^2 + mx + n)$$

　우변을 전개해서 x^3의 계수와 상수항을 비교해 보면

$$a = pl \quad d = qn$$

으로 된다. 즉 p는 a의 약수이고, q는 d의 약수로 되어 있다.

$$(a의 약수)x + (d의 약수)$$

로서 ①의 좌변이 완전히 나누어지는지 어떤지를 조사하면 된다.

　그러나 나눗셈으로서 조사하기보다, 다음의 인수정리(因數定理)를 이용하는 것이 편리하다.

인수정리

x의 n차식 $f(x)$가 $px+q$로 완전히 나누어진다.

$$\Leftrightarrow \ f\!\left(-\frac{q}{p}\right)=0$$

따라서 ①의 좌변의 x에 $\pm\dfrac{d\text{의 플러스의 약수}}{a\text{의 플러스의 약수}}$를 대입해서 좌

변이 0이 되는 것을 구한다. $\dfrac{d'}{a'}$를 대입했을 때 0이 되었다고 하

면, ①의 좌변은 $a'x-d'$로 완전히 나누어진다. 만약 모든 a, d의
약수에 대해 조사해도 0이 되는 것이 없으면, ①의 좌변은 정수를
계수로 하는 식을 사용해서는 인수분해가 되지 않는 것이다.

예를 들어보자.

$$f(x)=2x^3+x^2-5x-3=0 \ \cdots\cdots\cdots\cdots \ ①$$

x^3의 계수 2의 플러스의 약수는 1과 2
상수항 -3의 플러스의 약수는 1, 3
따라서

$$x=\pm1, \ \pm3, \ \pm\frac{1}{2}, \ \pm\frac{3}{2}$$

에 대해서 ①의 좌변 $f(x)$가 0 이 되는지 어면지를 조사한다. 그
러면

$$f\!\left(-\frac{3}{2}\right)=-\frac{27}{4}+\frac{9}{4}+\frac{15}{2}-3=0$$

이 된다. $f(x)$를 $2x+3$으로 나누면

$$(2x+3)(x^2-x-1)=0$$

이 되므로

$$x=-\frac{3}{2}, \ \frac{1\pm\sqrt{5}}{2}$$

라는 근이 얻어진다.

2. 3차방정식의 해법을 발견하기까지

고대 바빌로니아에서는

$$x^3+x^2=c \ \cdots\cdots\cdots\cdots\cdots\cdots ①$$

라는 형태의 3차방정식을 풀고 있다. 또

$$ax^3+bx^2=c$$

라는 형태의 3차방정식도, 이 양변에 $\dfrac{a^2}{b^3}$을 곱하고 $y=\dfrac{a}{b}x$로 둠으로써 ①의 형태의 방정식

$$y^3+y^2=\frac{a^2c}{b^3}$$

에 귀착하고 있다. ①의 형태의 방정식을 푸는 데는 x^3과 x^2의 표를 이용한 것 같으며, 이 방정식의 일반적인 해법을 얻고 있었던 것은 아니다.

그 이후 그리스와 이집트에서도 3차방정식을 풀겠다는 노력은

있었던 것 같지만 성공한 사람은 없었다.

최초로 3차방정식의 해법을 발견한 것은 이탈리아의 수학자 페르로(S. del Ferro)이다. 아마 16세기 초 무렵이라고 추측되고 있다. 그러나 그는 그 해법을 공표하지 않고 사위인 프로리도스 피올레에게만 전수하고 세상을 떠나 버렸다.

3차방정식의 해법을 전수받은 피올레는 속물이어서, 해법을 알고 있는 것이 너무 기뻐서 누구에게나 자랑하고 있었다. 그 소문에 자극을 받아 베니스대학의 교수 타르탈리아(N. Tartaglia)는 3차방정식의 해법에 몰두하여, 마침내 그 해법에 도달했다. 그 뉴스가 전해지자 피올레는 타르탈리아에게 도전했다. 1535년, 공개 석상에서 서로 문제를 풀어 승패를 겨루게 되었다. 타르탈리아는 피올레가 낸 문제를 2시간 남짓으로 풀었는데도, 피올레는 한 문제도 풀지 못했었다고 한다. 자기가 고생해서 얻은 해법이, 다른 사람으로부터 안이하게 배운 것에 비해서 각별히 뛰어나다는 것을 가리키는 교훈이라고 할 수 있을 것이다.

타르탈리아의 승리는 널리 세상에 알려지고 그는 명성을 떨쳤다. 많은 학자들이 그 해법을 가르쳐 달라고 간청했지만 그는 가르쳐 주지 않았다. 그중에서도 가장 열심히 간청한 사람이 밀라노대학의 카르다노(G. Cardano)였다.

사실은 타르탈리아는 어릴 적에, 프랑스 점령군의 잔학한 행위로 혀가 잘려졌기 때문에, 말을 하는 것이 부자유했다. 타르탈리아란 이탈리아어로 「말더듬이」란 의미로서, 자기 자신도 본명인 폰타나보다는 이 별명을 자주 쓰고 있었다. 타르탈리아는 언어 장애자였기 때문에, 수학의 실력은 있었지만 후원자가 없었다. 카르

다노는 그 약점을 이용했다. 타르탈리아를 자기집에 초청해서 대
접했을 때, 3차방정식의 해법을 가르쳐 주면 좋은 후원자를 소개
해 주겠다고 유인했던 것이다. 결국 타르탈리아는 결심이 꺾여, 자
기가 저서로 발표할 때까지는 절대로 남에게 공표하지 않는다는
약속을 받고 해법을 가르쳐 주었다.

  그 몇 해 후에 카르다노는 『고등대수학』을 출판하여 그 속에서
타르탈리아와의 약속을 깨뜨리고, 3차방정식의 해법을 실었다. 타
르탈리아는 화가 나서 앞뒤 사정도 가리지 않고 카르다노에게 도
전했다. 타르탈리아는 형제 중의 한 사람만을 데리고 적지인 밀라
노로 갔었다. 그런데 공개토론의 자리에는 카르다노는 모습을 나
타내지 않고, 그의 제자인 페라리(L. Ferrari)를 대리로 내세웠던 것
이다. 더구나 대회장은 그들의 연고지였기 때문에 페라리의 응원
자로 가득히 메워져 있었다.

야유와 성난 외침소리 속에서 타르탈리아는 호소했다. 공표하지 않겠다는 약속 아래 3차방정식의 해법을 카르다노에게 전수했다는 사실, 그런데도 계약을 위반하고 해법을 공표한 카르다노에 대한 비난, 왜 밀라노까지 일부러 왔어야 했는가 하는 이유, 그런데도 카르다노는 숨어버리고 이 회장에 나오지 않았다는 것에 대한 불만 등을, 짧은 혀로 더듬거리며 열심히 호소했다. 언어 장애자인 타르탈리아의 연설은 알아듣기 힘들었을 것이 틀림없다. 도대체가 처음부터 약관 26살의 페라리와 50살 정도의 늙고 볼품없는 노인과는 상대가 안되었던 것이다. 첫째 날의 토론이 끝난 후, 자신의 불리한 입장을 깨달은 타르탈리아는 이튿날의 토론회에는 출석하지 않고 베니스로 되돌아 와 버렸다. 그러나 자신의 입장을 변명할 기회를 포기해 버린 것은 패배를 자인하는 결과가 되고 말았다.

이 결과 불쌍하게도 3차방정식의 해법은 카르다노의 방법이라 하여 인용되게 되었다. 최근의 역사적인 연구의 결과로 타르탈리아의 노고가 조금은 인정되었지만, 아직도 타르탈리아에게 호의적이라고는 말할 수 없다. 카르다노의 방법이라고 하는 것이 부당하다면 차라리 페르로의 방법이라고 해야 할 것이지, 타르탈리아의 방법이라고 말할 필요는 없다는 것이다.

3. 일반적 해법
3차방정식

$$ax^3 + bx^2 + cx + d = 0 \cdots\cdots\cdots\cdots ①$$

을 풀기 위해 먼저 2차항이 없는 3차방정식을 만든다. 그러기 위해

$$x = y - \frac{b}{3a} \ \cdots\cdots\cdots\cdots \ ②$$

를 ①에 대입해서 계산하면 y^2의 항이 소거되고

$$ay^3 + \left(c - \frac{b^2}{3a}\right)y + d - \frac{bc}{3a} + \frac{2b^3}{27a^2} = 0$$

이 된다. 이 양변을 a로 나누어

$$3p = \frac{c}{a} - \frac{b^2}{3a^2} \qquad\qquad -2q = \frac{d}{a} - \frac{bc}{3a^2}b + \frac{2b^3}{27a^3}$$

으로 두면

$$y^3 + 3py - 2q = 0 \ \cdots\cdots\cdots\cdots \ ③$$

이라는 3차방정식이 만들어진다.

　이것을 풀기 위해

$$y = A + B$$

로 두면

$$y^3 = A^3 + B^3 + 3AB(A+B)$$
$$\quad = A^3 + B^3 + 3ABy$$
$$y^3 - 3ABy - (A^3 + B^3) = 0$$

　이것과 ③을 비교해서

$$\begin{cases} A^3 + B^3 = 2q \\ AB = -p \end{cases}$$

가 된다. A^3과 B^3을 두 근으로 하는 2차방정식을 만든다(→108쪽).

$$t^2 - 2qt - p^3 = 0$$

이므로

$$t = q \pm \sqrt{q^2 + p^3}$$

으로 된다. 따라서

$$A = \sqrt[3]{q + \sqrt{p^3 + q^2}} \qquad B = \sqrt[3]{q - \sqrt{p^3 + q^2}}$$

로 둘 수가 있다. 그러므로

$$y = A + B = \sqrt[3]{q + \sqrt{p^3 + q^2}} + \sqrt[3]{q - \sqrt{p^3 + q^2}}$$

는 방정식 ③의 하나의 근이다.

$A + B$가 ③의 하나의 근이라면

$$\omega A + \omega^2 B \text{나} \quad \omega^2 A + \omega B$$

도 ③의 풀이라고 할 수 있다.

이 ω는 1의 허수근($x^3 = 1$의 방정식을 풀었을 때 하나의 허근을 ω라 한 것임)으로

$$\omega^3 = 1 \qquad \omega^2 + \omega + 1 = 0$$

을 만족하고 있다.

여기서

$$y = \omega A + \omega^2 B$$

도 ③의 풀이라는 것을 확인해 둔다.

$$y^3 = (\omega A)^3 + (\omega^2 B)^3 + 3(\omega A)(\omega^2 B)(\omega A + \omega^2 B)$$
$$= A^3 + B^3 + 3ABy$$
$$= 2q - 3py$$

로 되므로, $y = \omega A + \omega^2 B$는 ③식을 만족하고 있다. 따라서 방정식 ③의 풀이는

$$x = \begin{cases} \sqrt[3]{q + \sqrt{p^3 + q^2}} + \sqrt[3]{q - \sqrt{p^3 + q^2}} \\ \omega \sqrt[3]{q + \sqrt{p^3 + q^2}} + \omega^2 \sqrt[3]{q - \sqrt{p^3 + q^2}} \\ \omega^2 \sqrt[3]{q + \sqrt{p^3 + q^2}} + \omega \sqrt[3]{q - \sqrt{p^3 + q^2}} \end{cases}$$

이 된다.

예를 들어 보기로 하자.

$$x^3 - 3x^2 + 9x - 9 = 0 \quad \cdots\cdots\cdots\cdots ①$$

을 풀기로 한다.

$$x = y + 1 \quad \cdots\cdots\cdots\cdots\cdots\cdots ②$$

로 두고, 이것을 ①에 대입해서 변형하면

$$y^3 + 6y - 2 = 0 \quad \cdots\cdots\cdots\cdots\cdots\cdots ③$$

이 된다.

$$3p = 6 \qquad\qquad -2q = -2$$

이므로

$$p = 2 \qquad\qquad q = 1$$

이것을 A, B에 대입하면

$$A = \sqrt[3]{1+\sqrt{8+1}} = \sqrt[3]{4}$$
$$B = \sqrt[3]{1-\sqrt{8-1}} = -\sqrt[3]{2}$$

따라서 ③의 풀이는

$$y = \sqrt[3]{4} - \sqrt[3]{2}, \ \omega\sqrt[3]{4} - \omega^2\sqrt[3]{2}, \ \omega^2\sqrt[3]{4} - \omega\sqrt[3]{2}$$

으로 된다. 그러므로 ①의 풀이는

$$x = \begin{cases} 1 + \sqrt[3]{4} - \sqrt[3]{2} \\ 1 + \omega\sqrt[3]{4} - \omega^2\sqrt[3]{2} \\ 1 + \omega^2\sqrt[3]{4} - \omega\sqrt[3]{2} \end{cases}$$

(2) 4차방정식

1. 인수분해에 의한 해법

계수가 모두 정수인 4차방정식

$$ax^4 + bx^3 + cx^2 + dx + e = 0 \qquad (a \neq 0) \ \cdots\cdots ①$$

의 좌변이 인수분해가 되면, 차수가 낮은 방정식으로 귀착될 수 있다. ①의 좌변 $f(x)$가 계수가 정수인 1차 인수를 갖는다고 하면

$$f(x) = (px+q)(kx^3 + lx^2 + mx + n)$$

으로 인수분해되므로

$$a = pk \quad e = qn$$

이 성립되기 때문에 p는 a의 약수이고, q는 e의 약수이다. 그러므로 a의 약수 a', e의 약수 e' 중

$$f\left(\frac{e'}{a'}\right) = 0$$

으로 되는 것을 구한다, 그와 같은 a', e'가 있으면 $f(x)$는 $a'x - e'$로 완전히 나누어진다. 이와 같은 a', e'가 없다는 것을 알면 $f(x)$는 계수가 정수인 1차 인수를 갖지 않는다는 것을 알게 된다.

예를 들어

$$6x^4 - 23x^3 - 11x^2 + 3x + 1 = 0 \quad \cdots\cdots\cdots\cdots \text{①}$$

을 풀어본다.

　　　　6의 플러스의 약수는 1, 2, 3, 6
　　　　1의 플러스의 약수는 1

이므로, x에

$$\pm 1, \ \pm\frac{1}{2}, \ \pm\frac{1}{3}, \ \pm\frac{1}{6}$$

을 대입해서 ①의 좌변 $f(x)$가 0이 되는 것을 조사해 보면

$$f\left(-\frac{1}{2}\right) = 0 \qquad f\left(\frac{1}{3}\right) = 0$$

이므로, $f(x)$를

$$(2x + 1)(3x - 1)$$

로 나누어 보면

$$f(x) = (2x+1)(3x-1)(x^2-4x-1) = 0$$

이 되므로

$$x = -\frac{1}{2}, \ \frac{1}{3}, \ 2 \pm \sqrt{5}$$

라는 답이 얻어진다.

이와 같이 1차 인수가 없더라도 인수분해가 되는 경우가 있다. 즉

$$ax^4 + bx^3 + cx^2 + dx + e$$
$$= (px^2 + qx + r)(lx^2 + mx + n) = 0$$

과 같이 2차식×2차식과 같이 인수분해가 되는 경우이다. 다음에는

$$x^4 - 6x + 8x^2 + 2x - 1 = 0 \cdots\cdots\cdots\cdots\cdots ①$$

를 풀어본다. 좌변이

$$(px^2 + qx + r)(lx^2 + mx + n) = 0$$

으로 인수분해되었다고 하면

$$p = l = 1\text{이고}, \ rn = -1$$

이지만, $r=1$, $n=-1$로 생각해도 무방하다.

$$(x^2 + qx + 1)(x^2 + mx + n) = 0$$

이 좌변을 전개해서, ①의 좌변의 계수와 비교해 보면

$$q + m = -6 \qquad qm = 8 \quad -q + m = 2$$

가 성립한다. 따라서

$$q = -4 \quad m = -2$$

이므로 이 방정식 ①은

$$(x^2 - 4x + 1)(x^2 - 2x - 1) = 0$$

따라서

$$x = 2 \pm \sqrt{3}, \ 1 \pm \sqrt{2}$$

라는 답이 얻어진다.

2. 치환에 의한 해법

어떤 식을 X로 치환함으로써, 본래의 방정식보다 풀기 쉬운 X에 관한 방정식을 푸는 문제로 귀착할 수 있는 경우이다.

복2차식이라고 일컬어지는

$$ax^4 + cx^2 + e = 0$$

도 이 형식이다. $X = x^2$로 두면

$$aX^2 + cX + e = 0$$

이라는 2차방정식이 되기 때문이다.

또 하나 상반방정식(相反方程式)이라 불리는 것이 있다.

그것은 계수가 a, b, c, b, a와 같이 앞에서 보거나, 뒤에서 보거나 같은 순서로 배열되어 있는 형식이다.

$$ax^4 + bx^3 + cx^2 + bx + a = 0 \ \cdots\cdots\cdots\cdots ①$$

을 풀 때는 양변을 x^2으로 나누어

$$ax^2 + bx + c + \frac{b}{x} + \frac{a}{x^2} = 0$$

으로 한 후 정돈하면

$$a\left(x^2 + \frac{1}{x^2}\right) + b\left(x + \frac{1}{x}\right) + c = 0$$

이 된다.

$$X = x + \frac{1}{x} \quad \cdots\cdots\cdots\cdots\cdots\cdots \text{②}$$

로 두면

$$a(X^2 - 2) + bX + c = 0$$
$$aX^2 + bX + c - 2a = 0 \quad \cdots\cdots\cdots\cdots \text{③}$$

이라는 2차방정식으로 간단히 된다. 이제 X를 구해서 ②에 대입하고, 다시 x에 대한 2차방정식을 풀면 된다.

이 방정식은 더 일반화된다.

$$ax^4 + bx^3 + cx^2 + dx + e = 0 \quad \cdots\cdots\cdots\cdots \text{①}$$
$$(\text{단, } a = b^2k, \ e = d^2k)$$

일 때, 이 방법으로 풀 수 있다.

①의 양변을 x^2으로 나누면

$$ax^2 + \frac{e}{x^2} + bx + \frac{d}{x} + c = 0$$

이 된다. 여기서

$$X = bx + \frac{d}{x} \cdots\cdots\cdots\cdots\cdots\cdots ②$$

로 두면

$$ax^2 + \frac{e}{x^2} = k(X^2 - 2bd)$$

로 되므로

$$kX^2 + X + c - 2bdk = 0 \cdots\cdots\cdots\cdots\cdots ③$$

라는 2차방정식으로 간단히 된다. 그 다음에는 X를 구해 ②에 대입해서 x를 구하면 된다.

3. 일반적 해법

역사적으로 3차방정식의 해법의 발견은 무척 험한 길을 지나왔으나 4차방정식의 해법은 수월하였다. 3차방정식 해법 발견의 역사에 등장했던 카르다노의 제자 페라리가 4차방정식의 해법을 발견한 것이다. 페라리에 의해 발견된 4차방정식의 이 해법은, 카르다노의 저서 『고등대수학』 속에 3차방정식의 해법과 더불어 소개되어 있다. 3차 및 4차방정식의 해법이 동시에 인쇄물로서 공표된 것은 매우 흥미로운 일이다. 아마 그 때문이었을 것이라고 생각되지만, 3차방정식의 해법을 공표한 것에 대한 타르탈리아의 카르다노에 대한 비판은 줄어들고 있었다.

그럼, 페라리에 의한 4차방정식의 해법을 설명하기로 하자.

4차방정식

$$ax^4 + bx^3 + cx^2 + dx + e = 0 \qquad (a \neq 0) \ \cdots\cdots \ ①$$

로 두면, y에 대한 4차방정식이 되는데, y^3의 항은 소거되어 버린다. 따라서 4차방정식

$$y^4 + py^2 + qy + r = 0 \ \cdots\cdots\cdots\cdots\cdots\cdots \ ②$$

을 풀게 되면 된다. 이 식을 변형하면

$$(y^2 + p)^2 = py^2 - qy - r + p^2$$

이 된다. 여기서 새로운 미지수 t를 도입해서

$$(y^2 + p + t)^2 = (p + 2t)y^2 - qy - r + p^2 + 2pt + t^2$$

로 한다. 이 우변이 y에 관한 1차식의 완전제곱이 되는 것은

$$D = q^2 - 4(2t+p)(t^2 + 2pl + p^2 - r) = 0$$

으로 되는 것이다(→102쪽).

이 $D=0$의 식은 t에 대한 3차방정식이므로 t를 구할 수가 있다. 이 하나를 t_1로 하면

2차식
$$ax^2 + bx + c$$
가 완전제곱식이 되는 것은
$$D = b^2 - 4ac = 0$$
이 되는 때다

$$y^2 + p + t_1 = \pm \sqrt{p+2t_1}\left(y - \frac{q}{2(p+2t_1)}\right)$$

라는 2차방정식으로 귀착된다. 결국 이 2차방정식을 풂으로써 ②의 근이 얻어진다. 따라서 ①의 근도 얻어진 것이 된다.

예로

$$x^4 - 4x^3 + 7x^2 + 4x - 4 = 0 \cdots\cdots \text{①}$$

을 풀어본다.

$$x = y + 1 \cdots\cdots \text{②}$$

로 두고서 정돈해 보면

$$y^4 + y^2 + 10y + 4 = 0 \cdots\cdots \text{③}$$

이 된다. 적당한 t를 취해서

$$(y^2 + 1 + t)^2 = (1+2t)y^2 - 10y + t^2 + 2t - 3 \cdots\cdots \text{④}$$

의 우변이 y에 대한 완전제곱식이 되도록 한다. 그러면

$$D = 100 - 4(1+2t)(t^2 + 2t - 3) = 0$$

이어야 되므로

$$2t^3 + 5t^2 - 4t - 28 = 0$$

이라는 3차방정식이 얻어진다. 이것은

$$(t-2)(2t^2 + 9t + 14) = 0$$

이 되므로, ④로서 $t=2$로 하면

$$(y^2 + 3)^2 = 5y^2 - 10y + 5 = 5(y-1)^2$$

로 변형되므로

$$y^2 + 3 = \pm \sqrt{5}(y-1)$$

을 풀면 된다.

$$y^2 + 3 = \sqrt{5}(y-1)$$

을 풀면

$$y = \frac{\sqrt{5} \pm \sqrt{7 + 4\sqrt{5}}\, i}{2}$$

가 얻어진다. 한편

$$y^2 + 3 = -\sqrt{5}(y-1)$$

를 풀면

$$y = \frac{-\sqrt{5} \pm \sqrt{4\sqrt{5}-7}}{2}$$

가 얻어진다. 결국 방정식 ①의 풀이는

$$x = \frac{2+\sqrt{5} \pm \sqrt{7+4\sqrt{5}}\,i}{2},\ \frac{2-\sqrt{5} \pm \sqrt{4\sqrt{5}-7}}{2}$$

이 된다.

이 해법을 다시 살펴보면 ③의 좌변을 인수분해하는 것에 해당하고 있다. ③으로부터

$$(y^2+3)^2 - 5(y-1)^2 = 0$$

으로 변형되기 때문에

$$\{y^2+3-\sqrt{5}\,(y-1)\}\{y^2+3+\sqrt{5}\,(y-1)\} = 0$$

이 된다. 따라서

$$(y^2-\sqrt{5}\,y+3+\sqrt{5}\,)(y^2+\sqrt{5}\,y+3-\sqrt{5}\,) = 0$$

으로 되기 때문이다.

(3) 5차 이상의 방정식

1. 간단히 풀리는 경우

일반적으로 정식 = 0이라는 방정식을 정방정식(整方程式)이라고 하는데, 여기서는 1원 n차의 정방정식에 대해 생각해 보기로 한다.

인수분해 = 0으로 할 수 있으면, 차수가 낮은 방정식을 푸는 문제로 귀착된다. a_0, a_1, ……, a_n이 정수인 때, n차의 정식

$$f(x) = a_0 x^n + a_1 x^{n-1} + \cdots\cdots + a_{n-1} x + a_n \quad (a_0 a_n \neq 0)$$

이 계수가 정수인 1차식 $px + q$로서 완전히 나누어진다면

  p는 a_0의 약수이고, q는 a_n의 약수

로 되어 있으므로, $f(x)$의 x에

$$\pm \frac{a_n의\ 플러스의\ 약수}{a_0의\ 플러스의\ 약수}$$

를 대입해서, 0이 되는지 어떤지를 조사한다. 만약 a_0의 약수 $a_0{}'$, a_n의 약수 $a_n{}'$에 대해

$$f\left(\frac{a_n{}'}{a_0{}'}\right) = 0$$

이 되었다고 하면

  $f(x)$는 $a_0{}' x - a_n{}'$로 완전히 나누어지는 셈이다. 만약 0이 되는 것이 없으면, $f(x)$는 계수가 정수인 1차인수는 갖지 않는다.

  인수분해를 할 수 있는 경우라도 1차인수가 반드시 있는 것은 아니므로 2차 이상의 인수가 있는지 어떤지도 조사해 둘 필요가 있다.

$$5차식 = 2차식 \times 3차식$$
$$6차식 = 2차식 \times 4차식$$
$$= 3차식 \times 3차식$$

등으로 되는지 어떤지도 조사하지 않으면 안 된다.

인수분해 이외로서 간단히 풀리는 경우라고 하면, x가 나오는 곳이 한 군데에 생기는 것과 같은 경우이다. 이를테면

$$n차식 = (ax+b)^n - c = 0$$

이 되면

$$(ax+b)^n = c \cdots\cdots\cdots\cdots\cdots\cdots \text{①}$$

이 되므로

$$ax+b = \sqrt[n]{c}$$
$$x = \frac{\sqrt[n]{c}-b}{a}$$

로서 하나의 풀이가 얻어진다.

여기서는 상세하게 설명하지 않겠지만

$$X^n = 1$$

의 n개의 풀이는, 원점을 중심으로 해서, 반지름 1의 원주를 n등분한 점

$$(x_0, y_0),\ (x_1, y_1),\ \cdots\cdots,\ (x_{n-1}, y_{n-1})$$

에 의해

$$X = x_k + y_k i \qquad (k=0,\ 1,\ \cdots,\ n-1)$$

로 구해진다(단, $x_0 = 1,\ y_0 = 0$).

그렇게 하면

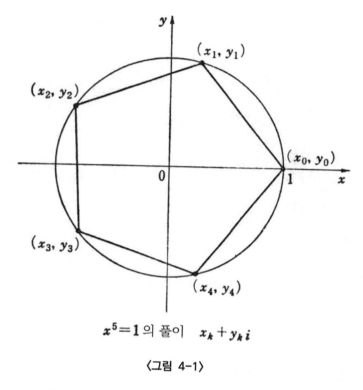

$x^5 = 1$의 풀이　$x_k + y_k i$

〈그림 4-1〉

$$X^n = c$$

의 n개의 풀이는 $X^n = 1$의 n개의 풀이에 $\sqrt[n]{c}$ 곱해서 얻어진다. 따라서 방정식 ①의 풀이는 간단히 얻어진다.

이것도 1차식 $ax + b$를 X로 치환함으로써 간단히 풀 수 있는 데, 어떤 식을 X로 둠으로써 본래의 방정식으로부터 풀기 쉬운 X에 대한 방정식으로 귀착시킬 수 있는 일이 있다. 이를테면 상반방정식

$$ax^6 + bx^5 + cx^4 + dx^3 + cx^2 + bx + a = 0$$

등은

$$X = x + \frac{1}{x}$$

로 둠으로써 X의 3차방정식으로 고칠 수가 있다.

2. 역사적 이야기

16세기에 3차방정식 및 4차방정식의 해법이 잇따라 발견된 이래, 5차 이상의 정방정식의 해법에 많은 수학자가 도전했다.

1746년에 달랑베르(J. L. R. d'Alembert)가 대수학의 기본정리

「계수가 모두 복소수인 1원 n차방정식은 적어도 하나의 복소수해 (複素數解)를 갖는다」

라는 것의 증명을 시도하였다. 이 증명에는 약간 불충분한 데가 있었

던 것 같지만, 이것을 1799년에 22살의 젊은 가우스(J. K. F. Gauss)
가 완벽하게 증명했다.

이로써 5차 이상의 방정식에도 반드시 해가 존재한다는 것이 확
인된 셈이고, 다만 그 해를 구하는 일반적인 해법이 있는지 어떤
지가 문제가 되었었다. 한편 계수가 모두 구체적인 수치인 것과
같은 수치방정식(數値方程式)의 근사해를 구하기 위한 해법은 뉴턴
(I. Newton)과 호너(W. G. Horner, 중국의 천원술)에 의해, 그 당
시에 이미 알려져 있었다. 결국 4차 이하의 방정식과 같이 문자계
수의 방정식이더라도, 4칙(덧셈, 뺄셈, 곱셈, 나눗셈)과 거듭제곱근
만을 사용해서 (대수적으로) 풀 수 있느냐 없느냐는 것이 문제로
된다.

5차 이상의 방정식을 대수적으로 풀려고 하는 노력은 많은 수학
자에 의해 시도되었으나, 그 성벽은 너무 튼튼해서 300년 동안이
나 아무도 허물 수 없었다. 그런데 19세기에 접어들자, 두 명의
젊은 수학자 아벨과 갈로아(E. Galois)에 의해서 그것이 불가능하
다는 사실이 증명되었다.

3. 아벨

아벨(N. H. Abel)은 1802년 8월에 노르웨이의 한 시골에서 목
사의 둘째 아들로 태어났는데, 어릴 적부터 몹시 허약했다. 중학교
시절의 수학 선생님은 대단한 폭력 교사여서, 그 폭력을 견디다
못해 아벨은 얼마 동안 휴학하기까지 했었다. 아벨이 15살인 무
렵, 그 폭력 교사가 국회의원의 아들에게 폭력을 휘둘러 죽게 하
는 사건이 일어났다. 그 교사는 마침내 학교에서 쫓겨나고, 후임으
로 청년 교사 홀름보에(B. M. Holmboe)가 부임해 왔다.

홀름보에는 학생들이 자주적으로 학습을 할 수 있게 한 사람 한 사람에게 알맞은 개별적인 문제를 주었다. 아벨은 이 홀름보에에 의해 수학에 눈을 뜨게 되었고, 다른 학생들보다 어려운 문제도 풀게 되는 동시에, 홀름보에가 대학에서 배웠던 교과서까지도 읽을 수 있게 되었다. 아벨이 죽은 후 홀름보에는 다음과 같이 회상하고 있다.

「이 무렵부터 아벨은 불타는 듯한 정열로 수학에 빨려 들어갔다. 그리고 천재 특유의 스피드로 과학의 정글을 헤쳐 나갔다. 금방 초등수학을 마스터하고, 그의 희망에 따라 나는 고등수학을 개인적으로 가르쳐 주었다.」

아마, 아벨이 17살 때였다고 생각되는데, 처녀 논문 「5차 이상의 방정식을 어떻게 푸는가」를 완성했다. 홀름보에도, 그의 스승인 한스테인 교수도, 그 가운데서 오류를 지적할 수 없었다. 그래서 코펜하겐 대학의 데겐 교수에게 그 논문이 보내졌다. 데겐은 다음과 같은 회답을 보내왔다.

「아벨군의 논문은 틀렸을지도 모르지만, 나이에 비교해서 광범한 지식을 가졌고, 뛰어난 학생이라는 것을 잘 알았습니다. 그러나더 자세한 증명과, 숫자방정식의 예에 적용시킨 것을 보내 주십시오. 이것은 아벨 군에게 있어서도 좋은 시금석(試金石)이 될 것입니다」

데겐은 다시 아벨에게 대해 다음과 같이 충고하고 있다.

「도저히 할 수 없다고 생각되는 어려운 문제에 손을 대기보다는다른 문제, 이를테면 해결되었을 때는 해석학(解析學)이나 역학(力學)에 큰 공헌을 할만한 문제에 시간과 노력을 쏟았으면 합니다.이를테면 타원함수와 같은 것입니다」

아벨은 데겐의 회답을 읽자 곧 특별한 실례에 대한 계산을 시작했다. 그러나 계산한 결과, 아벨의 방법으로는 모든 경우에 대해다 성립하지는 않는다는 것을 알았다. 아벨은 오류를 범하고 있었던 것이다.

그러나 이 에피소드는 그가 다니는 학교와 이 작은 동네에 쫙퍼져 갔다. 중학교 선생도 대학교수도 이해하지 못해, 심사를 받고자 멀리 코펜하겐의 아카데미에까지 보내야 했던 계산을 한 학생이라 하여, 아벨은 화제거리가 되었다.

17살의 아벨이 수학에 열중하고 있던 무렵, 목사인 아버지는 여섯 자식을 남겨 두고 돌아가셨다. 저축도 없이 어머니는 그저 어찌할 바를 몰랐고, 두 살 위인 형은 정신이상이어서 의지할 형편이 못 되었다. 따라서 그 이후 아벨에게는 경제적인 고통이 따라다녔다.

19살에 오슬로대학에 입학은 했지만, 가난 때문에 한스테인 교수를 비롯한 많은 교수들의 경제적인 도움으로 가까스로 학업을

프랑스에서 불가능은 금지된 말이었다.

아벨(1802~1829)

계속할 수 있게 되었다. 더구나 가정교사를 하면서 동생까지 기숙
사로 데리고 와 있었다.

20살 때, 한스테인 교수의 주선으로 코펜하겐을 여행하여 데겐
교수를 만나 직접 지도를 받았다. 그 유학 중에 연인 크리스티느를
만났다.

귀국 후 데겐 교수의 권유로 타원함수의 연구를 진행하는 동시
에 방정식의 이론을 연구하기 시작했다. 5차 이상의 방정식을 풀
겠다는 방향을 전환해서, 해석이 불가능하다는 것을 증명하려고
시도하기 시작했던 것이다. 사실은 아벨보다도 25년 전에 이탈리
아의 루피니도 불가능성의 증명을 시도했으나 미완성으로 그쳤다.
아벨은 완전한 증명을 하여 오랜 세월에 걸친 난문을 해결했던 것
이다.

그 무렵, 정부에서 해외 유학에 경제적인 지원을 한다는 이야기

가 있었다. 아벨은 해외, 특히 프랑스의 수학자들에게 좋은 인상을 주기 위해, 훌륭한 연구업적을 가지고 가야겠다고 생각하였다. 그래서 「5차방정식의 일반적인 해법의 불가능성을 증명한 대수방정식에 관한 논문」을 프랑스어로 써서 서둘러 자비로 출판했다. 이것은 아벨이 21살 때의 일이다. 아벨은 인쇄비용을 절약하기 위해 페이지 수를 줄여야 하였으므로 증명을 생략하거나 문장을 간결하게 하였다. 그러고나니 문장의 뜻을 파악하기 어려운 논문이 되어버렸다. 서문에서 다음과 같이 말하고 있다.

「대수방정식을 풀기 위한 일반적인 해법을 발견하려는 문제에, 수학자는 진지하게 씨름해 왔다. 또 그것이 불가능하다는 것을 증명하려고 했던 사람도 있었다. 따라서 대수방정식의 이론의 불충분한 점을 채우기를 목적으로 한 이 논문이, 호의로써 받아들여지기를 나는 희망한다.」

아벨의 기대에도 불구하고, 이 역사적인 대논문은 오랫동안 인정을 받지 못했다. 당시 제일의 수학자이던 가우스가 자신의 논문과 함께 아벨의 논문을 끼워 넣어 두고서 잊어버리고 있었다. 일설에 따르면, 가우스 자신이 25년 전에 이미 「모든 대수방정식은 해를 갖는다」라는 것을 증명하였으므로, 아벨로부터 「일반적인 5차방정식은 풀 수 없다」라는 따위의 말을 들었더라도 「무슨 허튼소리를」 하고 생각했을 것으로 짐작한다. 만약 이 제목을 「5차방정식의 대수적 해법의 불가능성」이라고 했더라면, 이와 같은 오해는 없었을는지 모른다.

아벨은 독일, 프랑스로 유학해서 해외 수학자들과 교류를 돈독히 하고, 그동안 많은 논문을 발표하여 수학자로서 세계적으로 인정되는 존재로 되어 갔다.

24살이 된 아벨은 파리 아카데미에 타원함수에 관한 대논문을 제출했다. 그런데 심사위원이던 코시(A. L. Cauchy)가 이것을 책상 서랍에 넣어둔 채 까맣게 잊어먹은 것이다. 아벨은 아카데미로부터의 회신을 기다리고 있었으나 여비도 떨어지고 해서 부득이 귀국하고 말았다. 귀국하여 정부의 원조를 기대했지만, 아무 직업도 얻지 못한 채 가난 속의 실의가 계속되었다. 그것을 가장 위로해 주었던 사람은 약혼자인 크리스티느이었던 것이 틀림없다.

그 무렵, 아벨보다 두 살 아래인 독일의 젊은 수학자 야코비(K. G. J. Jacobi)가 발표한 타원함수에 관한 논문을 보고 아벨은 깜짝 놀랐다. 그것은 파리아카데미에 제출한 채로 되어 있는, 아직 볕을 못 본 자기의 논문과 거의 같은 방향으로 전개되고 있었다. 이후 아벨과 야코비는 좋은 의미의 라이벌로서 수학의 선두주자를 다투었다.

독일의 클레레의 지원으로 베를린대학으로의 초빙이 거의 결정되어 아벨과 그 연인은 무척 기뻐하고 있었다. 그런데 뜻밖의 장애로 그것이 좌절되어, 기쁨이 컸던 만큼 슬픔도 대단했다. 한편 많은 빚을 걸머지고, 일정한 직업도 없었기 때문에 학생 시절과 같이 가정교사를 하면서 수입을 얻어 간신히 생활을 꾸려가고 있었다. 더구나 유학 중에 결핵에 걸려, 귀국한 뒤에도 병세가 악화하고 있었다. 연인 크리스티느가 가정교사를 하고 있는 친척집에서 크리스마스와 새해 아침을 보낸 뒤, 오슬로로 돌아가려던 날 아벨은 각혈을 하여 병상에 누웠다. 크리스티느의 헌신적인 간호의 보람도 없이 1829년 4월 6일, 아벨은 26살의 생애를 마감했다. 그가 죽은 지 이틀 후에 베를린대학으로부터 교수로 초빙한다는 편지가 배달되었다.

4. 갈로아

아벨은 자기를 추적해 오는 두 살 아래의 야코비의 일은 알고 있었지만, 9살이나 아래인 갈로아(E. Galois)의 일은 모르는 채로 세상을 떠났다.

갈로아는 파리 교외의 작은 읍의 읍장의 장남으로서 1811년 10월에 태어났다. 12살에 중학교에 입학해서 저학년 때는 좋은 성적을 얻고 있었다. 그런데 15살 때는 성적이 좋지 못해 교장 선생님으로부터 낙제를 경고받았다. 그러나 어떻게 해서든지 성적을 올리겠다고 간청했기 때문에 진급이 되었다. 그러나 역시 1학기의 성적이 좋지 못해서 끝내 낙제를 당했다. 같은 일을 두 번이나 당한 고통에서 벗어나기 위해 수학을 선택했다.

교과서는 르장드르(A. M. Legendre)의 『기하학 원론』이었는데, 갈로아가 청강을 결심했을 무렵은 강의가 이미 교과서의 절반이나 나아가 있었다. 다른 학생들의 진도를 따라잡기 위해 그는 이 책을 독학으로 공부했다. 그런데 사람들은 1년이 걸려서야 하는 것을, 갈로아는 이틀 동안에 다 읽어치웠다. 그로부터 갈로아는 수학에 사로잡혀, 도서실로부터 라그랑주(J. L. Lagrange)의 『수치방정식의 해법』, 『미분적분학 강의』, 『해석함수론』 등을 연달아 빌어내어 탐독했다. 갈로아가 16살 때의 제2학기 학적부에는 다음과 같이 기록되어 있다.

「품행은 몹시 나쁘다. 성격은 폐쇄적이다. 그는 독창성을 목표로 삼고 있다. 재능은 아주 뛰어나지만, 그 재능을 수사학(修辭學)에 사용하려고는 하지 않는다. 학급의 학습은 전혀 하려 들지 않는다. 수학에 대한 열광이 그를 지배하고 있다. 따라서 양친은 그가 이 연구에만 전념하는 일에 동의하는 편이 그를 위해서도 좋으리라 생각한다. 여기서는 시간을 낭비할 뿐이다. 교사를 괴롭히고 스스로를 벌로 짓눌리게 할 따름이다.」

수사학급에 적을 두고 있으면서도, 전공인 수사학 공부는 전혀 하지도 않고, 수학에만 열중하고 있었던 것이다. 그러나 수학에서도 일등은 아니며 이등이었을 뿐이었다. 그것은 수학 수업조차 교사의 말에는 아랑곳하지 않고, 오직 자기의 흥미와 관심이 있는 것에만, 특히 5차방정식의 대수적 해법과 같은 어려운 문제만을 생각하고 있었다. 수학 선생도 입이 닳도록 다음과 같이 충고하고 있었다. 「수학이라는 것은 기초서부터 차례차례로 논리적으로 구축된 건물과 같은 것이다. 그러므로 기초를 소홀히 해서 처음부터 어려운 문제와 대결하는 것은 무모한 짓이다.」

아벨과 마찬가지로, 이 무렵의 갈로아는 5차방정식을 대수적으로 푸는 방법을 발견했노라고 생각했던 시기가 있었던 것 같다. 그러나 그 오류를 알게 되는 동시에, 차츰 풀어지지 않는다는 방향으로 생각을 바꾸게 되었다.

17살이 되었을 때 에콜 폴리테크닉(이공대학)에 입학하려 했다. 당시는 한 급이 더 위인 사람이 수험하는 것이 보통이었다. 갈로아는 선생님들의 충고를 무시하고 응시하여 멋지게 실패했다. 부득이 중학교의 최고 학년에 진급해서 수학 학급에 들어갔다.

수학학급에서 리샤르 선생님을 만나 매우 좋은 영향을 받았다. 리샤르도 갈로아를 높이 평가하여 「이 학생은 많은 학생 중에서 탁월한 우수성을 보여주고 있다」는 등으로 학적부에 기록하고 있다. 리샤르의 기대에 어긋나지 않게, 갈로아는 17살의 어린 나이로 처녀논문 「순환연분수(循環連分數)에 대한 한 정리의 증명」을 발표하고 있다.

갈로아

그 무렵, 파리 아카데미에도 방정식론에 관한 중요한 논문을 제출했다. 이 논문은 코시의 심사에 맡겨졌는데, 아벨 때와 마찬가지로 이때도 코시는 갈로아의 논문을 분실했다. 아마 이 내용은 5차 이상의 방정식을 대수적으로 푸는 것이 불가능하다는 것을 가리키는 것이었으리라고 생각된다. 아벨이 이 내용을 자비로 출판에 의해 발표하고서부터 이미 수년이 경과했지만, 아마 갈로아는 아벨의 논문을 몰랐을 것이라 생각된다. 그 이후 갈로아가 발표한 것을 보면 아벨의 접근과는 전혀 다르며, 치환군(置換群)의 개념을 이용해서, 대수적으로 풀 수 있는 방정식의 형식이 어떠한 것인가를 결정하고 있기 때문이다.

시골의 읍장이었던 갈로아의 아버지는 사제(司祭)와의 대립에 지친 나머지 자살하고 말았다. 그와 같은 불행이 거듭되던 중 다시 에콜 폴리테크닉에 응시했다. 이번에는 꼭 합격할 것이라는 리 샤르 선생의 장담에도 불구하고 또 실패했다. 그것은 면접에서 시험관의 시시한 질문에 화를 낸 갈로아가 시험관에게 칠판지우개를 집어 던졌기 때문이라고도 전해지고 있다.

18살이 된 갈로아는 부득이 교원양성대학에 들어갔다. 입학 후의 반년 사이에 작은 논문 4편을 발표하고 있다(생전에 인쇄된 갈로아의 논문은 처녀논문을 포함하여 5편 뿐이다). 같은 무렵, 수학 그랑프리에 참가하기 위해, 파리아카데미에 「방정식의 일반해에 대하여」를 제출했다. 이번에는 심사를 하기 위해 자기집으로 가져 갔던 푸리에(J. B. J. Fourier)가 갑자기 죽었기 때문에 그 논문의 행방을 알 수 없게 되어 버렸다.

두 번의 대학 입시의 실패와 파리 아카데미에 제출한 논문이 두 번에 걸쳐 분실되는 등 갈로아가 권력 체계에 불신을 품게 된 것은 당연한 일이라고도 할 수 있다. 7월혁명 당시 갈로아가 진학을 하려다 못한 에콜 폴리테크닉의 학생들은 가두로 뛰어나와 화려하게 활동하고 있었는 데 반해 그가 소속된 교원양성대학의 학생들은 교장의 명령으로 한 발자국도 기숙사 밖으로 나가지 못하게 되어 있었다. 그런데 혁명으로 새 정부가 탄생하자, 교장은 새 정부에 충성을 서약하고 마치 혁명에 협력이나 한 듯이 사실과는 전혀 다른 일을 신문기자에게 말했다. 갈로아는 이 교장의 태도에 화가 나서 혁명 당일 교장이 취한 태도를 폭로하는 투서를 신문사의 편집부로 보냈다. 이 때문에 갈로아는 퇴교 처분을 받았다. 갈로아는 급우들에게 진실을 말해 주도록 호소했으나, 화가 미칠 것을 두려워한 학생들은 입을 다물었다. 결국 갈로아는 쓸쓸히 대학을 떠나야 했다. 그것은 갈로아가 19살 때의 일이었다.

갈로아는 퇴교 처분을 당한 뒤 급진적인 활동가로서 정치 활동을 계속하는 한편, 서점에서 고등대수학의 공개강좌를 열기도 하면서 푸리에가 분실한 논문을 다시 파리 아카데미에 제출하였다. 그러나 아카데미는 다시 제출된 논문이 푸아송(S. D. Poisson)에 의해 「이해할 수 없다」라며 기각되었다.

19명의 정치범이 무죄 석방된 축하연에서, 왕에게 험담 등 폭언을 했다고 하여 갈로아는 체포되었으나 한 달 후에 무죄로 석방되었다. 이것을 제일 후회한 것은 경찰이었다. 석방 후 한 달도 채 되지 않은 7월 14일, 프랑스혁명을 기념하는 데모 중 뚜렷한 이유도 없이 다시 체포되었다. 이러쿵저러쿵 묘한 이유를 달아 구류기간이 연기되고, 결국 정식으로 석방된 것은 체포된 지 9개월 이상이나 지난 4월 29일이었다. 갈로아는 옥중에서 20살을 맞이했다.

구류 중이던 3월에 콜레라가 발생하여 갈로아는 요양소로 옮겨졌다. 요양소로 옮겨지고부터는 얼마쯤 자유로웠던 모양이다. 수학 논문의 제작에 착수하여 분노와 모멸의 감정을 드러낸 머리말을 쓰고 있다.

「이 두 논문의 공표가 이토록 늦어진 것은, 과학계의 권위자들의 탓이기도 하며, 이 논문을 옥중에서 쓰고 있는 것은, 세상의 요직에 있는 사람들의 탓이다. 감옥이란 사색에 적합한 곳이 아니다. 같은 감방에 있는 사람들이 지껄이고 있을 때 함께 지껄이지 못하고 잠자코 있으면서 혼자 논문을 쓰는 일이란 얼마나 힘들고 또 답답해 보였을까.」

「내가 꼭 말해두고 싶은 것은, 아카데미 회원이시라는 신사분의 가방 속으로부터 어찌 그렇게도 자주 원고가 분실되었느냐는 점이다.」

「여기에 인쇄된 두 논문의 최초의 것은 이미 어떤 거장(巨匠)의 눈에 띄었던 것이다. 1831년에 아카데미에 보내진 그 개요는 푸아송 씨의 심사에 맡겨졌었는데, 푸아송 씨는 이것을 전혀 이해할 수 없다고 말했다. 내가 자부하는 바로는 이것은 푸아송 씨가 나의 일을 이해하려고 하지 않았었거나, 아니면 이해할 능력을 갖지 못 했었다고 생각된다. 그러나 대중의 눈에 그것은 나의 저작이 무의미한 것이었다는 증거라고 비춰질 것은 확실할 것이다.」

「특히 나는, 에콜 폴리테크닉의 시험관들의 실소를 사지 않으면 안 될 것이리라. 그들은 수학 교과서의 인쇄를 독점하고 있기 때문에, 자기들이 두 번이나 낙제시킨 젊은이가 뻔뻔스럽게도 교과서가 아닌 논문을 저술한 것을 보고 이마에 쌍심지를 세울 것이다.」

요양소에 있는 동안에 어떤 여성을 사랑하여 석방 후에도 자주 그 여성과 만났다. 그런데 그 연인에게는 다른 남자가 있어, 마침내 그 남자와 결투를 해야 하는 곤란한 처지에 빠졌다. 결투 전야인 5월 29일 밤, 갈로아는 죽음을 예감하고 친구 슈바리에에게 「친애하는 벗이여! 나는 해석학에 있어서 새로운 발견을 했다」라는 말로 시작되는 편지를 써, 자신이 한 연구의 개요를 시간이 주어지는 한 있는 힘을 다하여 적었다. 온 밤을 지새워 충혈된 눈을 깜박이며 자기의 머릿속에 있는 것을 기록해 나갔으나, 시시각각 여명이 다가옴에 따라 쫓기는 듯한 마음이 들었는지 「이젠 시간이 없다!」라고 적었다.

5월 30일 이른 아침, 갈로아는 결투에서 쓰러져, 우연히 지나가던 농부에게 발견되어 병원으로 옮겨졌다. 누구보다도 먼저 달려온 동생은 침대에 매달리면서 하염없이 울었는데, 갈로아는 동생을 달래면서 「울지 마. 20살에 죽기 위해서는, 있는 용기란 용기가 몽땅 필요한 거야」라고 말했다고 한다. 24시간 이상을 고통에 시달린 끝에 5월 31일 오전 10시, 갈로아는 20살과 7개월의 짧

막한 생애를 마쳤다.

5. 수치방정식

계수가 구체적인 수치로써 주어진 방정식이라면, 몇 차의 방정식이든 근사해(近似解)를 구할 수 있다. 고대 중국의 2차방정식 해법에서 말한 방법은 몇 차의 방정식에든지 이용할 수 있기 때문이다. 여기서는 3차방정식을 예로 들어 설명하겠다.

$$f(x) = 3x^3 - 5x^2 - 7x + 9 = 0 \cdots\cdots\cdots\cdots ①$$

을 풀어본다. 이것을 산판 위에 **〈그림 4-2〉**와 같이 배치한다.

$$f(2) < 0 \qquad f(3) > 0$$

이라는 것을 알기 때문에 해(상)는

$$x = 2. \cdots\cdots$$

이어야 한다. 따라서 상(商) 2를 세운다. 우(隅) 3에 상 2를 곱해서, 염(廉)에 더하면 염은 1이 된다. 이 염 1과 상 2를 곱해서 방(方)에 더하면 방은 -5가 된다. 다음에는 이 방 -5 와 상 2를 곱해서 실(實)에 더하면 실은 -1이 된다. 이 계산은 $f(x)$를 $x-2$로 나누었을 때의 몫 $3x^2 + x - 5$와 나머지 -1을 구한 것에 해당하고 있다. 즉

$$f(x) = (x-2)(x^3 + x - 5) - 1 \cdots\cdots\cdots\cdots ②$$

로 한 것을 의미하고 있다.

이어서 이 몫에 대해서도 같은 일을 한다. 즉 우 3에 상 2를 곱

천	백	십	일	푼	리	모	
							상
							실
							방
							염
							우

〈그림 4-2〉

2	상
9	실
-7	방
-5	염
3	우

2	상
-1	실
-5	방
1	염
3	우

조립제법에 의한 설명

	3	-5	-7	9
2		6	2	-10
	3	1	-5	-1
		몫		나머지

〈그림 4-3〉

해서 염에 더하면 염은 7이 된다. 이 염 7에 상 2를 곱해서 방에 더하면 방은 9가 된다. 이것은 다음의 것을 가리키고 있다.

$$3x^2 + x - 5 = (x-2)(3x+7) + 9 \cdots\cdots\cdots ③$$

이어서 $3x+7$을 $x-7$로 나눈 몫과 나머지를 구한다. 즉 우 3에 상 2를 곱해서 염에 보태면, 염은 13이 된다. 이것은 다음과 같이 나타내어진다.

$$3x+7 = (x-2) \times 3 + 13 \cdots\cdots\cdots\cdots\cdots ④$$

이들의 결과는 무엇을 나타내고 있는 것일까?

②에 ③을 대입하고, 다시 ④를 대입하면

$$f(x) = 3(x-2)^3 + 13(x-2)^2 + 9(x-2) - 1$$

가 되므로, 위의 계산 결과는 $f(x)$를 $x-2$의 내림차순으로 정돈한 계수를 나타내고 있다.

다음에는 염을 한 단위 움직여서 130, 방을 두 단위 움직여서

2	상
9	실
-7	방
-5	염
3	우

2	상
-1	실
9	방
13	염
3	우

조립제법

```
        3    -5    -7     9
   2         6     2    -10
        3     1    -5    -1
   2         6    14
        3     7     9
   2         6
        3    13
```

〈그림 4-4〉

900, 실을 세 단위 움직여서 -1000 으로 한다. 이것은

$$x - 2 = \frac{y}{10}$$

로 두어서 정돈한 방정식

$$3y^3 + 130y^2 + 900y - 1000 = 0 \cdots\cdots\cdots\cdots ⑤$$

을 나타내고 있다. 이 좌변은 0과 1의 사이에서 부호가 바뀌기 때문에, ⑤의 풀이는 0과 1 사이에 있다는 것을 알 수 있다.

$$x = 0. \cdots$$
$$y = 2.0 \cdots$$

을 나타내고 있으므로, 염을 한 단위, 방을 두 단위, 실을 세 단위 움직인다. 즉

$$y = \frac{z}{10}$$

로 두는 셈이다. 그러면

$$3z^3 + 1300z^2 + 90000z - 1000000 = 0 \cdots\cdots\cdots\cdots ⑥$$

이 되는데, 이 z는 9와 10 사이에서 부호가 바뀌기 때문에

$$z = 9. \cdots$$
$$x = 2.09 \cdots$$

라는 것을 알 수 있다. 방정식 ⑥을 $z - 9$의 내림차순으로 정돈하면

$$3(z-9)^3 + 1381(z-9)^2 + 114129(z-9) - 82513$$
$$= 0 \quad\cdots\cdots\cdots\cdots\cdots\cdots\cdots\cdots\cdots\cdots\cdots\cdots\cdots\cdots ⑦$$

이 된다. 여기서

$$z - 9 = \frac{w}{10}$$

로 두면

$$3w^3 + 13810w^2 + 11412900w - 82513000 = 0 \quad\cdots\cdots ⑧$$

이 얻어진다. 이들 변형을 산판 위에서 나타내면, 〈**그림 4-5**〉와 같이 된다.

2	상
-1000	실
900	방
130	염
3	우

⑤ 식

2.0	상
-1000000	실
90000	방
1300	염
3	우

⑥ 식

2.09	상
-82513	실
114129	방
1381	염
3	우

⑦ 식

2.09	상
-82513000	실
11412900	방
13810	염
3	우

⑧ 식

〈그림 4-5〉

이어서 w에 대한 방정식의 풀이의 정수부분 7을 구함으로써

$$x = 2.097 \cdots$$

과 같이 풀이의 근삿값이 차례로 얻어진다.

이 방법은 예부터 중국에서 알려져 있던 것으로, 아마도 13세기의 천원술 성립기에는 충분히 사용되고 있었던 것으로 추정된다. 유럽에서는 19세기가 되어서 호너에 의해 발명되었기 때문에 호너법이라 불리고 있다.

수치방정식의 근삿값을 구하는 방법으로서는 뉴턴법이 있다.

방정식

$$f(x) = 0$$

의 실근 $x = \alpha$의 근삿값을 구하기로 한다. $f(a)$와 $f(b)$가 다른 부호일 때는, a와 b 사이에 적어도 하나의 실근이 있는데, 이 속에 꼭 하나의 실근 α만이 있을 때를 생각한다.

곡선

$$y = f(x)$$

위의 점 $(a, f(a))$에 있어서의 접선의 방정식은

$$y = f'(a)(x-a) + f(a)$$

로 주어지는데, $f'(a) \neq 0$인 때 이 접선은 x축과 교차하므로 이 교점의 x 좌표를 a_1로 하면

$$a_1 = a - \frac{f(a)}{f'(a)}$$

가 된다. $f'(a)$가 0에 가까울 때는 a보다 a_1 쪽이 α에 더욱 가까워진다고 말할 수는 없다. 그러나 〈**그림 4-6**〉과 같이 α와 a 사이에서 아래로 볼록(凸, 즉 $f''(x) > 0$)하고 $f(a) > 0$이라면, a_1은 α와 a 사이에 있게 된다. 따라서 $i = 1, 2, 3 \cdots\cdots$에 대해

$$a_{i+1} = a_i - \frac{f(a_i)}{f'(a_i)}$$

에 의해 차례로 a_i를 정의하면 a_i는 α에 차츰 접근하므로, 번호

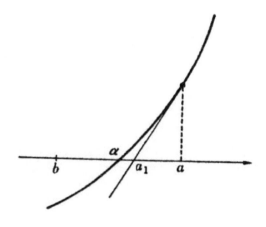

〈그림 4-6〉

i가 늘어날수록 참값에 가까운 근삿값 a_i가 얻어진다.

α와 a 사이에서 위로 볼록한 그래프의 경우에는 $f(a) < 0$인 때를 생각하면 되는 것이다.

제5장

그 밖의 방정식

$$x = -\frac{1}{2} \text{인 여}$$

·· · · ㄹ 된다.

그러므로 · · · ·

1. 분수방정식

분모도 분자도 다항식(多項式)으로 되어 있는 분수식

$$\frac{a_0 x^m + a_1 x^{m-1} + \cdots\cdots + a_{m-1}x + a_m}{b_0 x^n + b_1 x^{n-1} + \cdots\cdots + b_{n-1}x + b_n}$$

을 포함하고 있는 방정식을 분수방정식이라고 한다. 예로서 다음
과 같은 분수방정식

$$\frac{6}{x^2-1} = \frac{3}{x-1} - 1 \quad \cdots\cdots\cdots\cdots\cdots\cdots\cdots \textcircled{1}$$

을 풀어보자.

먼저 분모의 최소공배수 $(x-1)(x+1)$을 양변에 곱해서 분모
를 없앤다.

$$6 = 3(x+1) - (x^2 - 1)$$

이것을 정돈하여 풀면

$$x^2 - 3x + 2 = 0$$
$$(x-1)(x-2) = 0$$
$$x = 1, \ 2$$

가 얻어진다. 그러나 이 중에서 $x=1$은 ①의 분모를 0으로 하기 때문에 부적합하다. 그러므로

$$x = 2$$

만이 해가 된다.

분수방정식의 해법

ⓐ 분모의 최소공배수를 양변에 곱해서 분모를 없앤다.

ⓑ 분모를 없앤 정방정식을 푼다.

ⓒ 위에서 구한 풀이 중, 본래의 방정식의 분모를 0으로 하는 것은 제외하고, 그 나머지만을 근으로 한다.

기본적으로는 위의 방법으로 분수방정식을 풀면 되지만, 다음과 같은 테크닉을 사용하여 풀 수도 있다.

A. 조합형

$$\frac{1}{x+1} + \frac{1}{x+4} = \frac{1}{x+1} + \frac{1}{x+3} \quad \cdots\cdots\cdots ②$$

을 풀어보자.

$$\left(\frac{1}{x+1}-\frac{1}{x+2}\right)-\left(\frac{1}{x+3}-\frac{1}{x+4}\right)=0$$

과 같이 조합한 뒤에 통분하면 아주 간단해진다.

$$\frac{1}{(x+1)(x+2)}-\frac{1}{(x+3)(x+4)}=0$$

여기서 분모를 없애면

$$(x+3)(x+4)-(x+1)(x+2)=0$$

이 되므로, 이것을 풀어서

$$4x+10=0$$

$$x=-\frac{5}{2}$$

이것은, 본래의 방정식 ①의 분모를 0으로 하지 않기 때문에 해가 된다.

[답] $x=-\dfrac{5}{2}$

B. 분해형

$$\frac{1}{x(x+1)}+\frac{1}{(x+1)(x+2)}+\frac{1}{(x+2)(x+3)}$$
$$=\frac{1}{6} \cdots\cdots\cdots\cdots\cdots\cdots\cdots\cdots\cdots\cdots ①$$

을 풀어본다. 각 분수식을 두 개의 분수식의 차로 분해해 보면

$$\frac{1}{x} - \frac{1}{x+1} + \frac{1}{x+1} - \frac{1}{x+2} + \frac{1}{x+2} - \frac{1}{x+3} = \frac{1}{6}$$

이 되어 서로 소거해서

$$\frac{1}{x} - \frac{1}{x+3} = \frac{1}{6}$$

이 되어 버린다. 여기서 분모를 없애서 간단히 하면

$$x^2 + 3x - 18 = 0$$
$$x = 3, \ -6$$

이 둘은 모두 본래의 방정식 ①의 분모를 0으로 하지 않으므로 해가 된다.

[답] $x = 3, \ -6$

C. 치환형

$$2\left(x^2 + \frac{1}{x^2}\right) - 5\left(x - \frac{1}{x}\right) = 2 \quad \cdots\cdots\cdots\cdots\cdots \quad ①$$

를 풀기 위해

$$X = x - \frac{1}{x}$$

로 두면

$$X^2 = x^2 + \frac{1}{x^2} - 2$$

이므로, 본래의 방정식 ①은

$$2(X^2+2)-5X=2$$

로 된다. 이것을 풀면

$$X=2, \ \frac{1}{2}$$

이다.

$X=2$인 때

$$x-\frac{1}{x}=2$$

이므로, 이것을 풀어서

$$x=1\pm\sqrt{2}$$

가 얻어진다. 이것들은 본래의 방정식 ①의 분모를 0으로 하지 않으므로 해가 된다.

$X=\dfrac{1}{2}$인 때

$$x-\frac{1}{x}=\frac{1}{2}$$

이므로, 이것을 풀어서

$$x=\frac{1\pm\sqrt{17}}{4}$$

가 얻어진다. 이것들도 본래의 방정식의 분모를 0으로 하지 않기 때문에 해가 된다.

[답] $x = 1 \pm \sqrt{2},\ \dfrac{1 \pm \sqrt{17}}{4}$

2. 무리방정식
다항식의 제곱근

$$\sqrt[n]{a_0 x^m + a_1 x^{m-1} + \cdots\cdots + a_{m-1} x + a_m}$$

을 포함한 (분수)방정식을 무리방정식(無理方程式)이라고 한다.

무리방정식의 해법

ⓐ 본래의 방정식을

$$\sqrt[n]{f(x)} = g(x)$$

의 형태로 변형한다.

ⓑ 양변을 n제곱해서

$$f(x) = (g(x))^n$$

하나하나의 근호(根號)를 소거하고, 다시 분모를 없애서 정방정식으로 한다.

ⓒ 그 정방정식을 푼다.

ⓓ 위에서 구한 풀이 중 본래의 방정식을 만족시키는 것만을 근으로 한다.

예를 들어 보기로 하자.

$$\sqrt{x-2} + \sqrt{x+8} = \sqrt{2x+30} \quad\cdots\cdots\cdots\cdots ①$$

의 실근을 구해 본다.

①의 양변을 제곱해서

$$x-2+2\sqrt{(x-2)(x+8)}+x+8=2x+30$$

이것을 변형하여

$$\sqrt{(x-2)(x+8)}=12$$

다시 한번, 양변을 제곱하면

$$(x-2)(x+8)=144$$

이 방정식을 풀면

$$x=10, \ -16$$

이 얻어진다. $x=10$은 본래의 방정식을 만족하지만, $x=-16$은 ①을 만족시키지 않기 때문에 근이 아니다(무리방정식에서는 실수만을 다루기 때문에, $x=-16$의 경우, $\sqrt{}$ 속이 마이너스가 되므로 해가 될 수 없다).

무리방정식 중에도 잘 연구하면 풀기 쉬워지는 경우가 있다.

조합형

$$\sqrt{x+1}-\sqrt{2x+1}=\sqrt{2x-1}-\sqrt{3x-1}\cdots ①$$

을 풀어본다.

준 식을 그대로 제곱하면 너무 복잡해지므로 잘 풀리지 않는다. 그러므로

$$\sqrt{x+1} + \sqrt{3x-1} = \sqrt{2x-1} + \sqrt{2x+1}$$

같이 조합을 한 후에 제곱을 하니 x의 항도 상수항도 소거된다.

$$2\sqrt{(x+1)(3x-1)} = 2\sqrt{(2x-1)(2x+1)}$$

양변을 2로 나눈 뒤, 제곱하면

$$(x+1)(3x-1) = (2x-1)(2x+1)$$

이 된다. 이 방정식을 풀면

$$x = 0, \ 2$$

가 얻어진다.

$x=0$일 때, $\sqrt{}$ 안이 마이너스가 되므로 해에서 제외한다.
$x=2$일 때는, ①을 만족한다.

[답] $x=2$

3. 지수·대수방정식

지수함수 a^x, 대수함수 $\log_a x$를 포함하는 방정식을 각각 지수방정식(指數方程式), 대수방정식(對數方程式)이라고 한다.

지수·대수방정식의 해법

ⓐ $a^f = a^g \ (a \neq 1, \ a > 0)$을 이끌어 $f = g$를 푼다.

ⓑ $a^f = b^g \ (a \neq 1, \ b \neq 1, \ a > 0, \ b > 0)$을 이끌어 양변

에 로그를 취한다.

$$f \log a = g \log b$$

그리고 이 방정식을 푼다.

ⓒ $\log_a f = \log_a g \ (a \neq 1, \ a > 0)$을 이끌어 $f = g$를 푼다. 그 근 중 $f > 0, \ g > 0$을 만족하는 것을 구한다.

ⓓ $X = a^f \ (a \neq 1, \ a > 0)$으로 두고, X의 방정식을 푼다. 다만 $X > 0$을 만족하는 것을 구한다.

ⓔ $X = \log_a f \ (a \neq 1, \ a > 0)$으로 두고, X의 방정식을 푼다. 다만 $f > 0$을 만족하는 것을 구한다.

예를 들어보자.

$$2^{2x+1} = 32 \quad \cdots\cdots\cdots\cdots\cdots\cdots ①$$

를 풀면

$$2^{2x+1} = 2^5$$

이므로

$$2x + 1 = 5$$

따라서

$$x = 2$$

가 얻어진다. 이것은 최초의 방정식 ①을 만족하기 때문에 답이다.

$$5^{5-3x} = 2^{x+2} \quad \cdots\cdots\cdots\cdots\cdots\cdots ②$$

를 풀기로 하자. 양변에 10을 밑으로 하는 상용로그를 취하면

$$(5-3x)\log5 = (x+2)\log2$$

가 된다.

$$(3\log5 + \log2)x = 5\log5 - 2\log2$$

$$x = \frac{5\log5 - 2\log2}{3\log5 + \log2}$$

가 얻어지는데, $\log5 = 1 - \log2$이므로

$$x = \frac{5 - 7\log2}{3 - 2\log2}$$

가 답이 된다.

이번에는

$$\log_2(x-7) = \log_4(x+1) + 1 \quad\cdots\cdots\cdots\cdots \quad ③$$

을 풀어보자.

$$\log_2(x-7) = \log_4(x-7)^2$$

이므로

$$\log_4(x-7)^2 = \log_4 4(x+1)$$

가 얻어진다. 따라서

$$(x-7)^2 = 4(x+1)$$

이것을 풀면

$$x = 3,\ 15$$

이 중에서 $x - 7 > 0$, $x + 1 > 0$으로 되는 것은 $x = 15$ 뿐이므로

$$x = 15$$

가 근이 된다.

$$2^{2x+1} + 3 \cdot 2^x - 2 = 0 \quad \cdots\cdots\cdots\cdots\cdots\cdots ④$$

을 풀어본다.

$$X = 2^x$$

로 두면, 방정식 ④는

$$2X^2 + 3X - 2 = 0$$

이 된다. 이것을 풀면

$$X = \frac{1}{2},\ -2$$

가 얻어진다. 그러나

$$X = 2^x > 0$$

이므로 $X = \frac{1}{2}$이다. 따라서

$$x = -1$$

이 얻어진다. 이것은 ④를 만족하므로 근이다.

$$2\log_2 x - 3\log_x 2 + 5 = 0 \quad \cdots\cdots\cdots\cdots\cdots ⑤$$

을 풀기로 하자.

$$X = \log_2 x$$

로 두면

$$\log_x 2 = \frac{1}{X}$$

이므로, 방정식 ⑤는

$$2X - \frac{3}{X} + 5 = 0$$

이 된다.

$$2X^2 + 5X - 3 = 0$$

이므로

$$X = -3, \ \frac{1}{2}$$

이 얻어진다. $X = \log_2 x$이므로

$$x = 2^{-3}, \ 2^{\frac{1}{2}}$$

이 된다. 이것들은 ⑤를 만족하기 때문에

$$x = \frac{1}{8}, \ \sqrt{2}$$

가 답이다.

4. 전자계산기로 푼다

지수방정식이나 대수방정식 등은 항상 앞 절과 같은 방법으로 풀리는 건 아니다. 이를테면 지수함수나 로그 함수, 정함수(整函數)가 혼합된 방정식은, 대수적으로는(4칙과 제곱근으로는) 풀리지 않는다. 이를테면

$$2^x = 2x + 1 \quad \cdots\cdots\cdots\cdots\cdots\cdots\cdots\cdots\cdots\cdots\cdots ①$$

과 같은 간단한 것이라도 대수적으로는 풀리지 않는다. 그러나 곁에 전자계산기가 있으면 간단히 근사근을 구할 수가 있다.

방정식 ①을 풀기 위해

$$\begin{cases} y = 2^x \quad \cdots\cdots\cdots\cdots\cdots\cdots\cdots\cdots\cdots ② \\ y = 2x + 1 \quad \cdots\cdots\cdots\cdots\cdots\cdots ③ \end{cases}$$

의 그래프를 그려보자. 그러면 교점이 2개 있는 것을 알 수 있다. 그중에 하나는 (0, 1)이라는 것을 곧 알게 되므로, $x = 0$은 방정식 ①의 한 근이 된다. 또 하나의 교점은 x가 2와 3 사이에 있으므로

$$x = 2 \cdots\cdots$$

인 것이 확실하다. 전자계산기로 계산해 보면

$$x = 2.6 \text{인 때, } 2^x = 6.06 \cdots < 6.2 = 2x + 1$$

$$x = 2.7 \text{인 때, } 2^x = 6.49 \cdots > 6.4 = 2x + 1$$

이므로

$$x = 2.6 \cdots\cdots$$

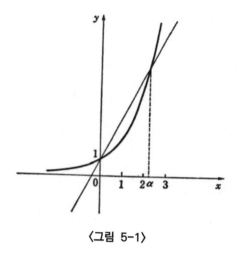

〈그림 5-1〉

이라고 알 수 있다. 다음에는 소수 밑의 둘째 자리 수치를 어림해
보자.

$x=2.6$인 때 2^x쪽이 $2x+1$보다 0.14가 적은데도 $x=2.7$인
때는 2^x쪽이 $2x+1$보다 0.09가 많으므로, 그 사이가 비례하고
있다고 생각하여 x를 2.6으로부터 a를 늘였다고 하면

$$\frac{a}{0.1}=\frac{0.14}{0.14+0.09}$$

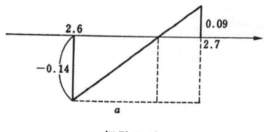

〈그림 5-2〉

가 성립한다. 이것을 풀면

$$a = 0.06 \cdots\cdots$$

이 된다.

$$x = 2.66일 \ 때, \ 2^x = 6.3203 > 6.32$$

$$x = 2.65일 \ 때, \ 2^x = 6.2766 < 6.30$$

이므로

$$x = 2.65 \cdots\cdots$$

인 것을 알 수 있다. 마찬가지로 소수 밑의 셋째 자리 이하를 어림해 보면

$$x = 2.6598 \cdots\cdots$$

인 것을 알 수 있다. 확실히

$$x = 2.6598일 \ 때, \ 2^x = 6.31945 < 2x + 1$$

$$x = 2.6599일 \ 때, \ 2^x = 6.31989 > 2x + 1$$

로 되어 있다. 이 이상의 근삿값은

$$x = 2.65986117 \cdots\cdots$$

로 구해진다.

전자계산기 속에 입력되어있는 함수라면, 어떠한 함수를 포함한 수치방정식이더라도 이와 같은 방법으로 근삿값을 구할 수가 있다.

방정식

$$f(x) = 0$$

의 근삿값을 구하는 데는 먼저 $f(a_0)$와 $f(a_0 + 1)$이 다른 부호로 될만한 정수 a_0을 구한다. 다음에는 $i = 0, 1, 2, \cdots, 9$에 대해

$$f\left(a_0 + \frac{i}{10}\right) \text{와} \quad f\left(a_0 + \frac{i+1}{10}\right)$$ 이 다른 부호가 되는 i를 구하고

$$a_1 = a_0 + \frac{1}{10}$$

로 둔다. 일반적으로는 $f\left(a_{n-1} + \dfrac{i}{10^n}\right)$와 $f\left(a_{n-1} + \dfrac{i+1}{10^n}\right)$이 다른 부호가 되는 정수 i(다만 $0 \le i < 10$)을 구하고

$$a_n = a_{n-1} + \frac{i}{10^n}$$

로 둔다. 그러면

$$a_0, \ a_1, \ a_2, \ \cdots\cdots, \ a_n, \ \cdots\cdots$$

은 점점 정밀한 근삿값이 되어 간다.

5. 방정식의 여러 가지 모습

지금까지 1차방정식부터 시작해서, 2차방정식, 3차방정식, 4차방정식까지 일반적인 n차방정식(고차방정식)에 대한 이야기를 했고, 나아가 분수방정식과 무리방정식 그 밖에 지수방정식, 대수방정식에 대해 언급해왔다. 그렇다면 방정식이란 도대체 몇 종류나 있을까 하고 궁금하게 생각하는 사람이 있을는지 모른다. 방정식의 종류에 대해서 간단히 언급해 두기로 한다.

하나의 방정식이라는 것은 반드시

$$f = g$$

라는 형태로 나타난다(이와 같은 식이 몇 개가 있을 때, 연립방정식이라고 한다). 우변의 g는 좌변으로 이항할 수 있으므로 g가 0인 방정식

$$f = 0$$

을 생각해 두면 될 것이다. f는 숫자나 문자로 나타내어진 식인데, 그 속에는 몇 개의 미지수(변수)가 포함되어 있다. 그것을

$$x_1, \ x_2, \ \cdots\cdots, \ x_k$$

라고 하면 f는 k변수의 함수라고 생각된다. 따라서 방정식은

    함수=0

의 형태로 쓸 수 있다고 말할 수 있다.

이들 미지수의 몇 개(i개, $i \geq 0$)를 곱한 값에 구체적인 실수(복소수)를 곱한 것을 i차의 단항식(單項式)이라고 한다(0차의 단항식은 상수이다). 이를테면

$$5x^4yz^2$$

는 7차단항식이다. 그것들의 단항식의 h개($h \geq 1$)의 합을 h항식 (다항식 또는 정식)이라고 한다(다항식을 함수로 보았을 때, 정함수라고 한다). 그리고 이들 단항식 중 최고의 차수를 그 다항식의 차수라고 한다. 이를테면

$$3xy^7 - 5x^4yz^2 + z^{10}$$

은 10차의 3항식이다.

156쪽에서도 썼듯이

　　　정식=0

으로 나타내어지는 방정식을 정방정식이라고 한다. 미지수의 개수가 k개 있고, 그 정식의 차수가 n차라면, k원 n차의 (정)방정식이라고 한다.

f와 g를 모두 다항식으로 했을 때, $\dfrac{f}{g}$를 (단항)분수식이라고 하는데, 이들 분수식의 몇 개의 합(분수함수)=0을 분수방정식이라고 한다.

무리식(무리함수)의 정의를 해 두겠다. 정식 f의 n제곱근 $\sqrt[n]{f}$는 무리식이고, 이들 무리식끼리 또는 무리식과 정식과의 가감승제 및 제곱근을 반복 사용해서 만든 식도 무리식(무리함수)이다.

이와 같이 정의된 무리함수=0을 무리방정식이라고 한다. 이를테면

$$3x + \sqrt{x^2\sqrt[3]{x-2}} - \frac{\sqrt[3]{x^2-5}-x}{\sqrt{x+1}} = 0$$

등은 무리방정식이다.

정함수, 분수함수, 무리함수를 포함한 함수를 대수함수라고 하고, 대수함수 이외의 함수를 초월함수(超越函數)라고 한다. 초월함수 중

지수함수, 대수함수, 삼각함수, 역삼각함수

를 초등 초월함수라고 부른다. 또 대수함수와 초등 초월함수를 합쳐서 초등함수라고 말한다. 고교 및 대학 교양학부 시절까지 배우는 방정식이라고 하면

초등함수=0

의 형태의 것으로 생각해도 될 것이다. 초등함수가 아닌 초월함수의 예로서

타원함수, 감마(Γ)함수, 베셀(Bessel) 함수

등이 있다.

함수=0으로 나타낼 수 있는 한 방정식이라고 부를 수 있으므로 방정식은 위에서 말한 것만은 아니다. 도함수(導函數)를 포함한 미분방정식이나 미지함수의 적분을 포함한 적분방정식(積分方程式) 등도 있다.

지금까지는 미지수(변수)가 실수(복소수)의 범위 안에 있는 것뿐이었으나, 미지량(변량)이 벡터이거나 행렬이거나 하는 벡터(vector) 방정식이나 행렬에 대한 방정식까지도 생각할 수 있고, 진위값(眞僞値)을 변량으로 하는 논리방정식(論理方程式) 등도 있다.

방정식의 이해와 해법

과학영재 · 수능 고득점을 위한 방정식 총정리

초판 1쇄   1987년 10월 30일
개정 1쇄   2023년 09월 05일

지은이 다무라 사부로
옮긴이 손영수, 경익선
펴낸이 손영일
펴낸곳 전파과학사
주소 서울시 서대문구 증가로 18, 204호
등록 1956. 7. 23. 등록 제10-89호
전화 (02)333-8877(8855)
FAX (02)334-8092
홈페이지 www.s-wave.co.kr
E-mail chonpa2@hanmail.net
공식블로그 http://blog.naver.com/siencia

ISBN 978-89-7044-625-7 (03410)
파본은 구입처에서 교환해 드립니다.
정가는 커버에 표시되어 있습니다.